This book belongs to:

_____

_____

- 90 XV-Sudoku puzzles

- 10 more XV-Sudoku variation puzzles with additional constrains

- 

- 9x9 puzzle grid

- Squared and a few jigsaw sub-domains

- Non-symmetric and a few symmetric placement of initial clues inside the grid

- One puzzle per page

Sudoku puzzle game involves filling a 9x9 grid with numbers from 1 to 9. In classic Sudoku the 9x9 grid is divided into nine 3x3 squared sub-grids. In Jigsaw Sudoku the 9x9 grid is divided in nine jigsaw-like sub-domains. These 3x3 sub-grids (or jigsaw-like sub-domains) are delimited by the lines plotted as bolder. The goal of the puzzle is to fill the entire grid with digits from 1 to 9 such that each row, column, and each sub-domain contains all the digits from 1 to 9 only once.

XV-Sudoku is a variation of Sudoku with an additional constraint regarding the digits in the neighboring cells that sum up to 5 or sum up to 10. The neighboring cells with digits summing up to 5 have a "V" inserted in the respective line separating the cells. The neighboring cells with digits summing up to 10 have a "X" inserted in the respective line separating them. The  neighboring cells separated by a line, without having any "V" or "X", do not sum up to 5 and do not sum up to 10.

To summarize: The rules for the XV Sudoku puzzles are: fill the puzzle grid with digits such that there are unique digits (from 1 9) in each row and each line and each sub-domain (like in classic or jigsaw 9x9 Sudoku) and the additional constraints of XV-Sudoku above presented.

The first 90 puzzles in this book (in pages 4-93) are XV Sudoku puzzles, while the last 10 puzzles (in pages 94-103) are variations of XV Sudoku with additional constraints shown in respective pages. The solutions are from the pages 104 to 116

Puzzle-1.

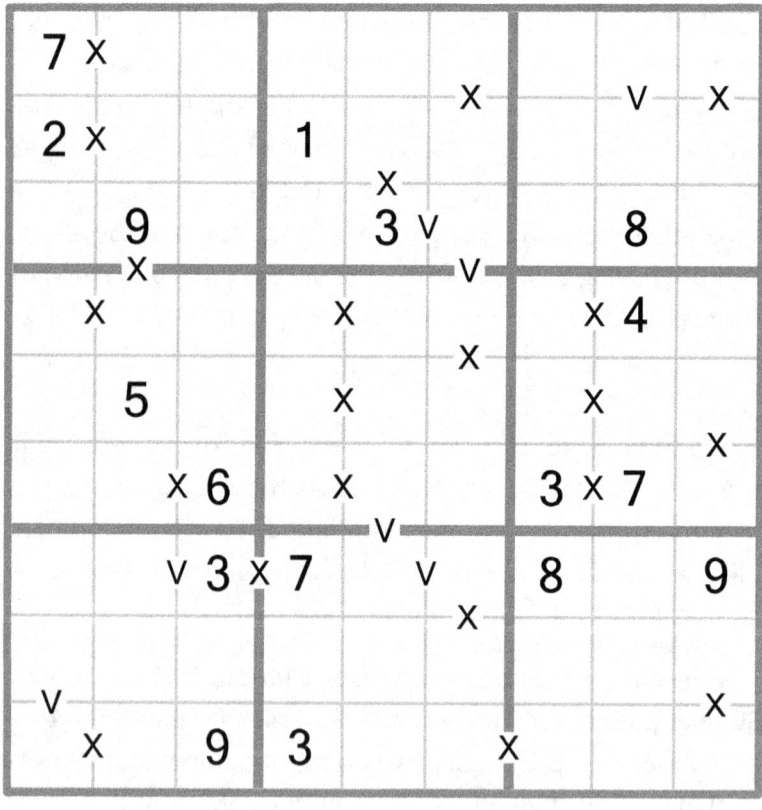

Puzzle-2.

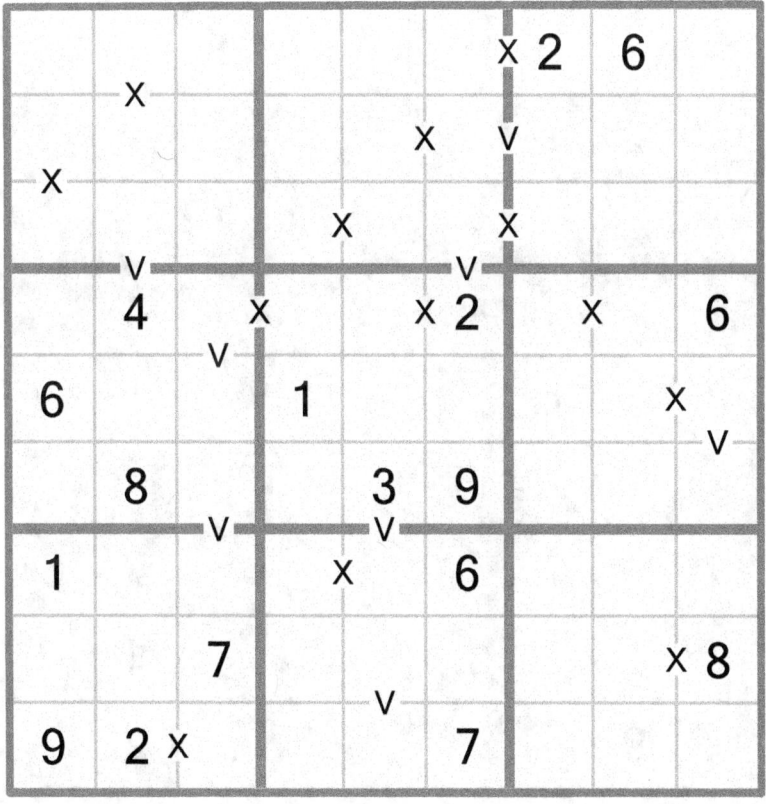

Puzzle-3.

Puzzle-4.

| | 9 | 2 | 3 | | | | | 1 |
|---|---|---|---|---|---|---|---|---|
| 8 | | 3 | | | | | | |
| | | | 5 | | | | | 8 |
| | | | 6 | | | | | |
| | | | 4 | | 7 | | | |
| 4 | 3 | | | | | 3 | | 7 |
| | 3 | | | | | 7 | | |
| | 4 | | | | | 7 | | |
| | | 6 | | | | | | |

Puzzle-5.

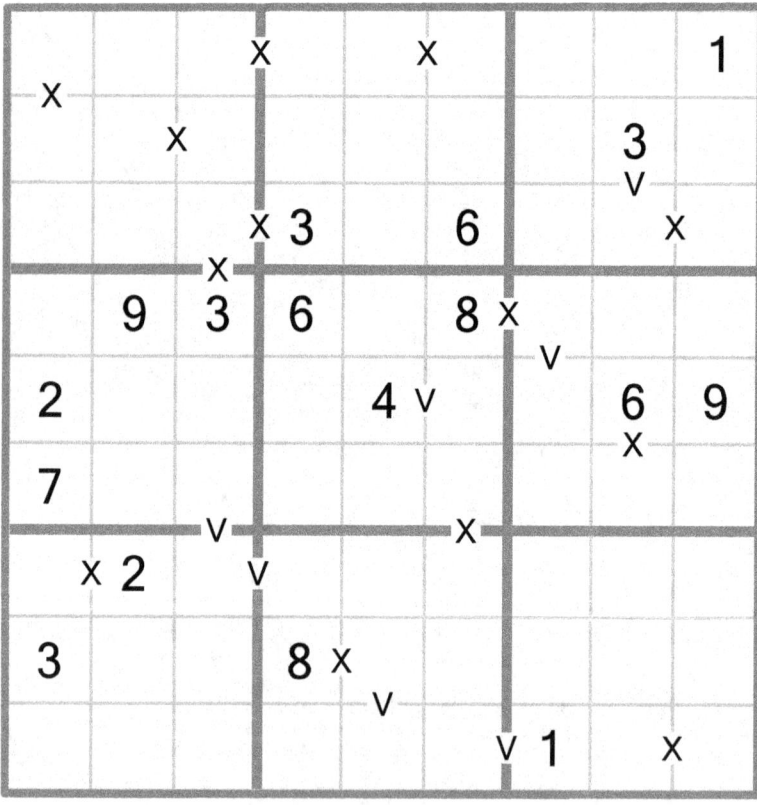

Puzzle-6.

Puzzle-7.

Puzzle-8.

|   |   |   |   |   |   |   |   |   |
|---|---|---|---|---|---|---|---|---|
| V |   |   |   |   |   |   |   |   |
|   |   |   |   |   |   | V | 1 |   |
|   |   |   |   | 1 |   | 6 | 3 |   |
| 6 |   |   |   | 9 |   |   | 5 | 1 |
|   |   |   |   |   |   |   | 6 |   |
|   | 2 |   |   | 4 |   |   |   |   |
|   |   | 4 |   |   |   |   |   | 3 |
| 1 |   |   |   | 7 |   |   |   |   |
|   |   | 3 |   |   |   | 1 |   |   |

Puzzle-9.

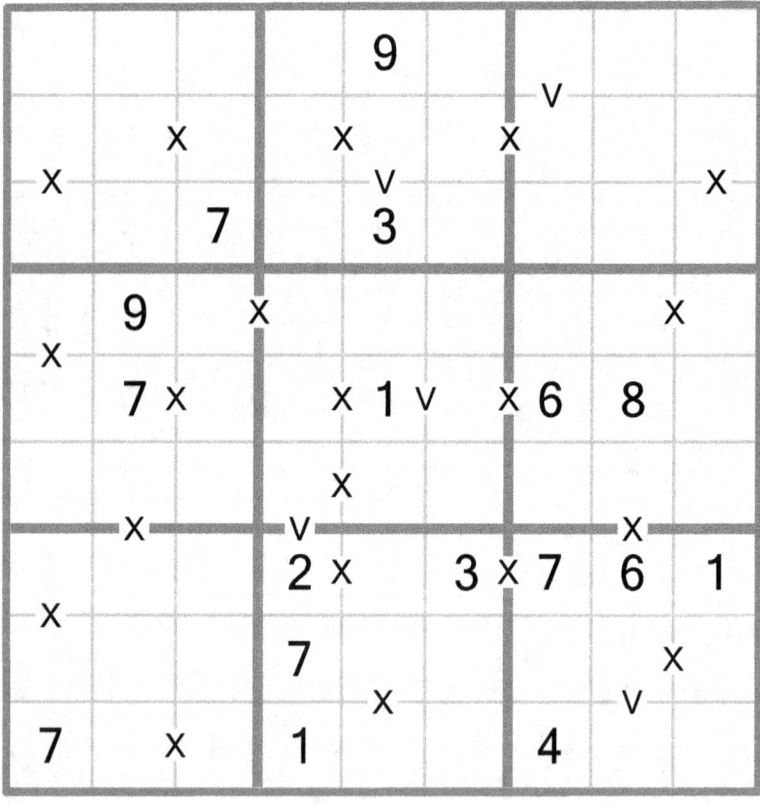

Puzzle-10.

Puzzle-11.

Puzzle-12.

Puzzle-13.

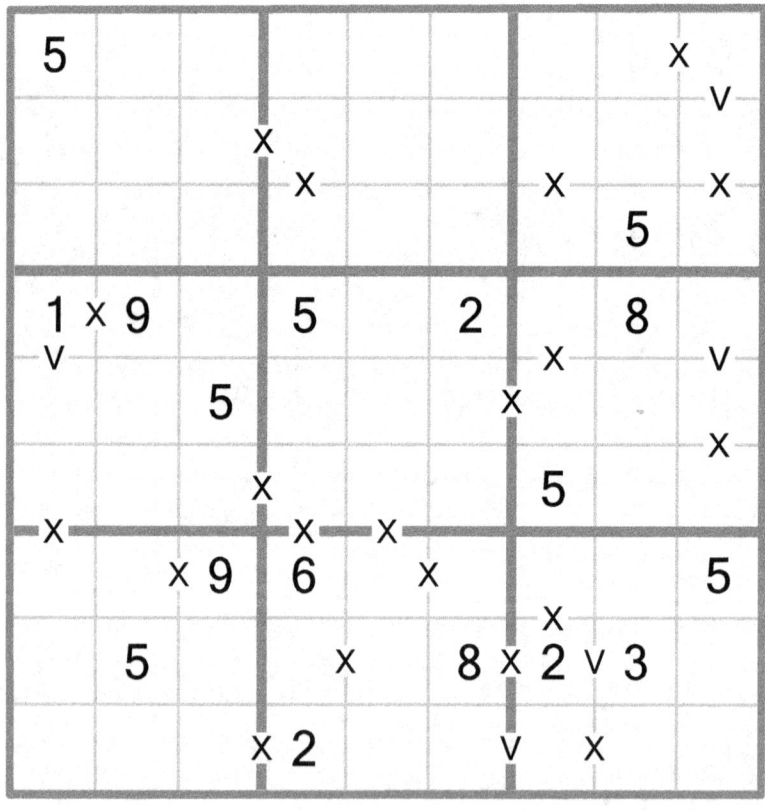

Puzzle-14.

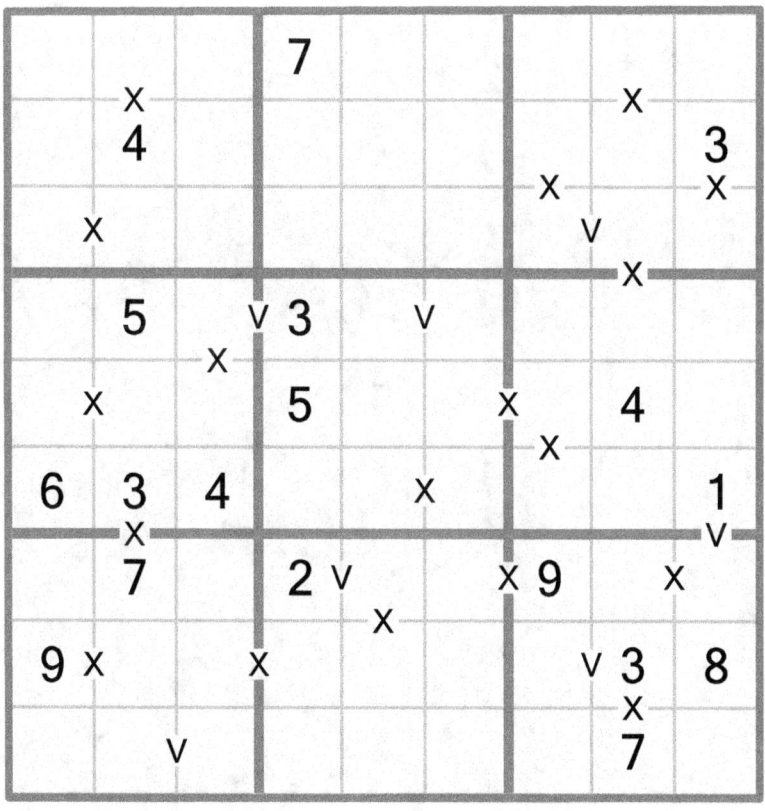

Puzzle-15.

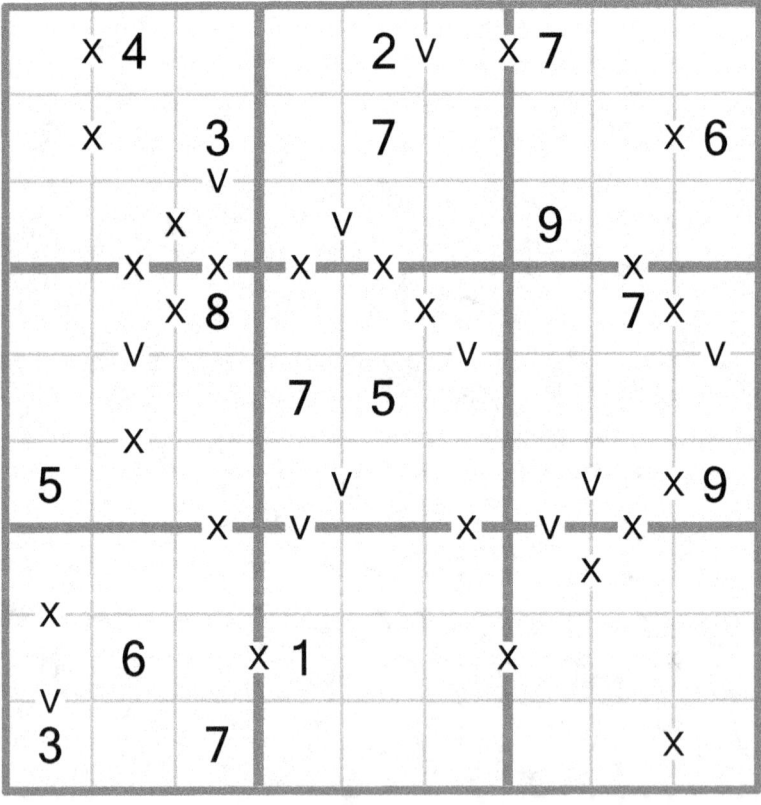

Puzzle-16.

Puzzle-17.

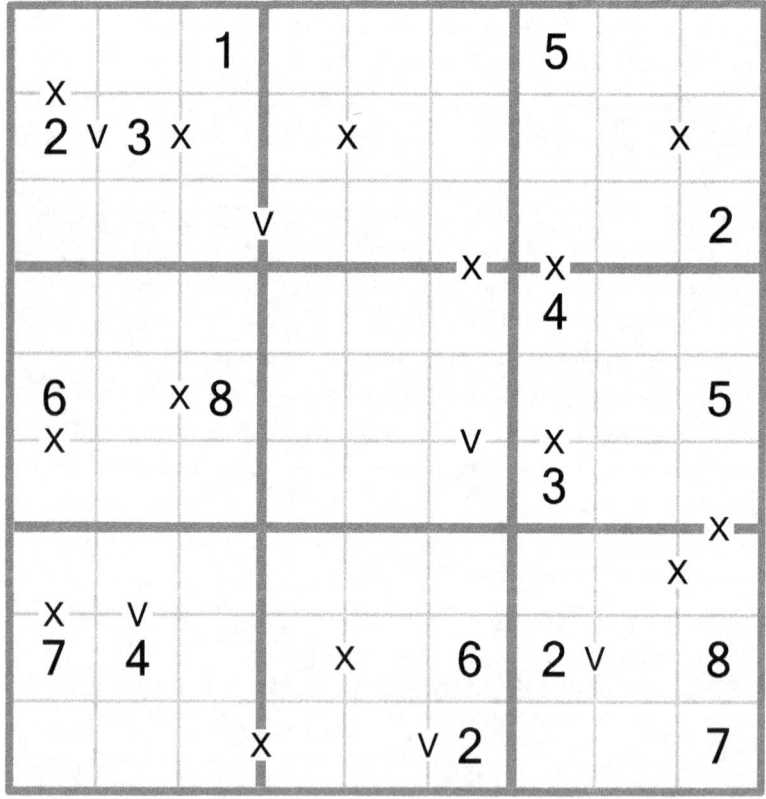

Puzzle-18.

Puzzle-19.

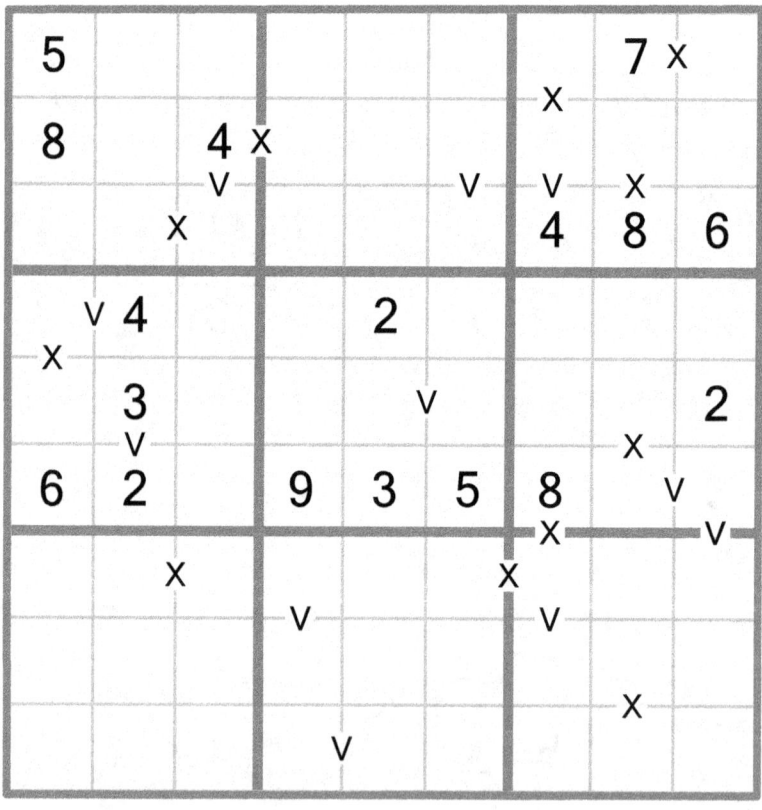

| | | | | | | | | |
|---|---|---|---|---|---|---|---|---|
| V | x | 8 | 7 | | x | | | |
| | | 7 | x | | 6 | x | | 4 |
| 6 | x | 9 | | | | | | |
| | 6 | | | x | | | | 7 |
| 8 | | V | | V 3 | V | V | | |
| x 2 | | | | x | | | | |
| | | 2 | | | | | x | |
| | | 6 | V 4 | x | | | x | V 3 |
| | 3 | | | | | | | 9 |

Puzzle-21.

Puzzle-22.

Puzzle-23.

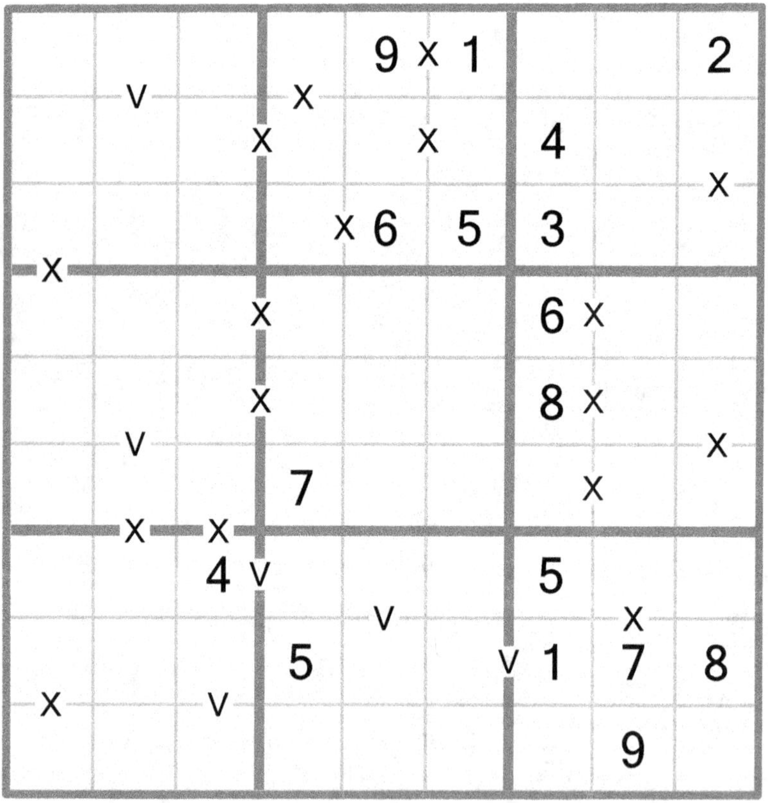

Puzzle-24.

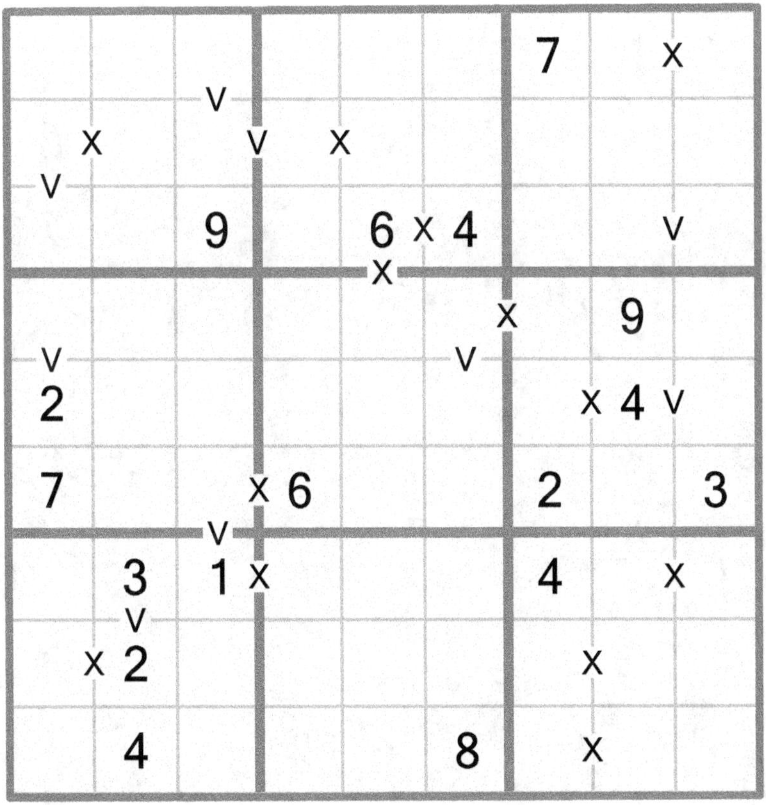

Puzzle-25.

Puzzle-26.

Puzzle-27.

Puzzle-28.

| | X | | 4 X | | | 2 |
| 8 X | | X | V | V | | X |
| | V | | X 7 | | | |
| | 5 | | | | | |
| X | X | X | 1 | 2 | 7 | 5 |
| | 7 X 3 | | 6 | | X | |
| | 5 | | | | 9 | V |
| | X | V V | | | X | |
| 7 | | X | | 3 | 1 | X |

Puzzle-29.

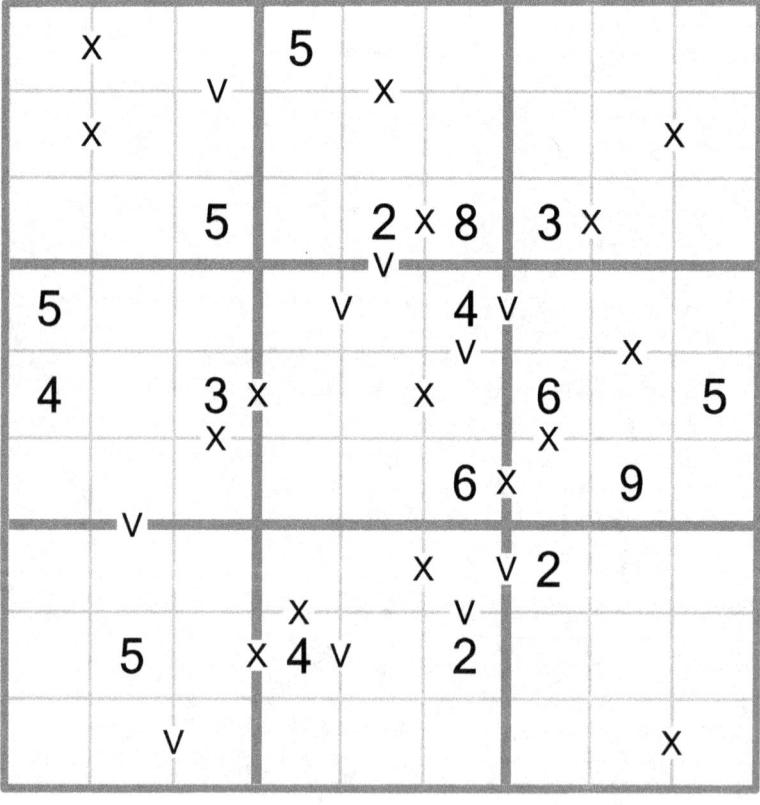

Puzzle-30.

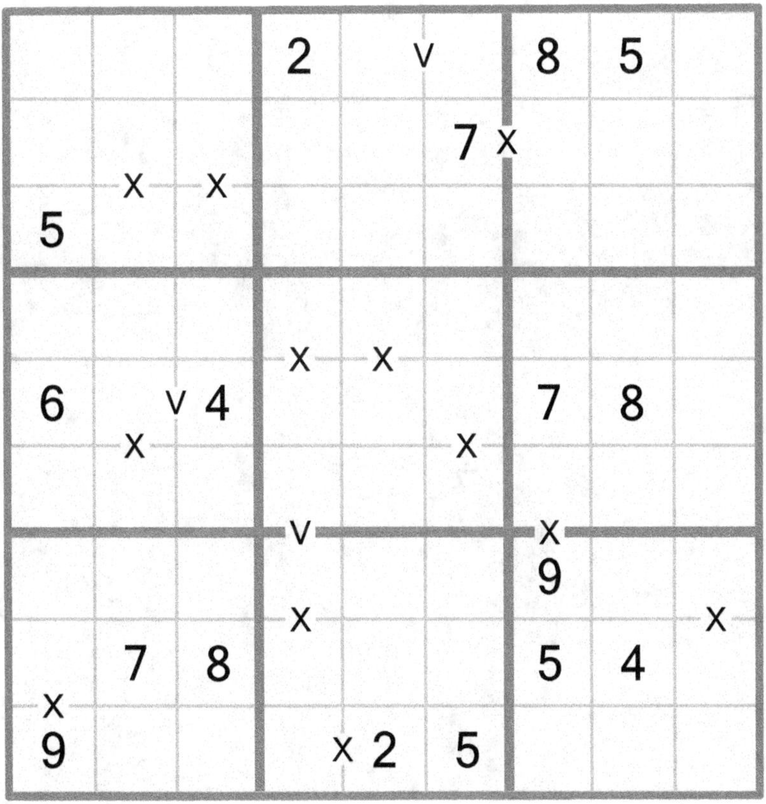

Puzzle-31.

|   |   |   |   |   |   |   |   |   |
|---|---|---|---|---|---|---|---|---|
| 2 |   |   |   |   |   | 6 |   |   |
| 6 |   |   |   |   |   |   | 9 |   |
|   |   |   | 6 | 3 |   | 5 |   |   |
|   |   |   |   |   | 8 |   |   |   |
|   |   | 1 | 2 |   |   |   |   |   |
| 9 |   |   | 7 |   |   |   |   | 8 |
|   |   |   |   |   |   |   |   |   |
|   |   |   |   |   |   |   | 7 |   |
|   |   |   | 4 |   |   | 1 | 5 |   |

Puzzle-32.

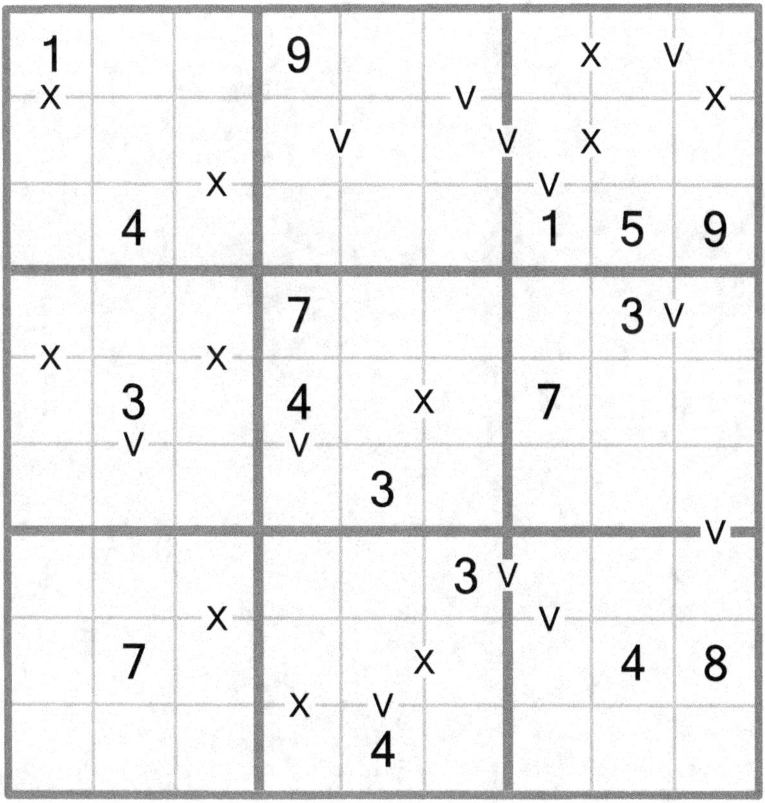

Puzzle-33.

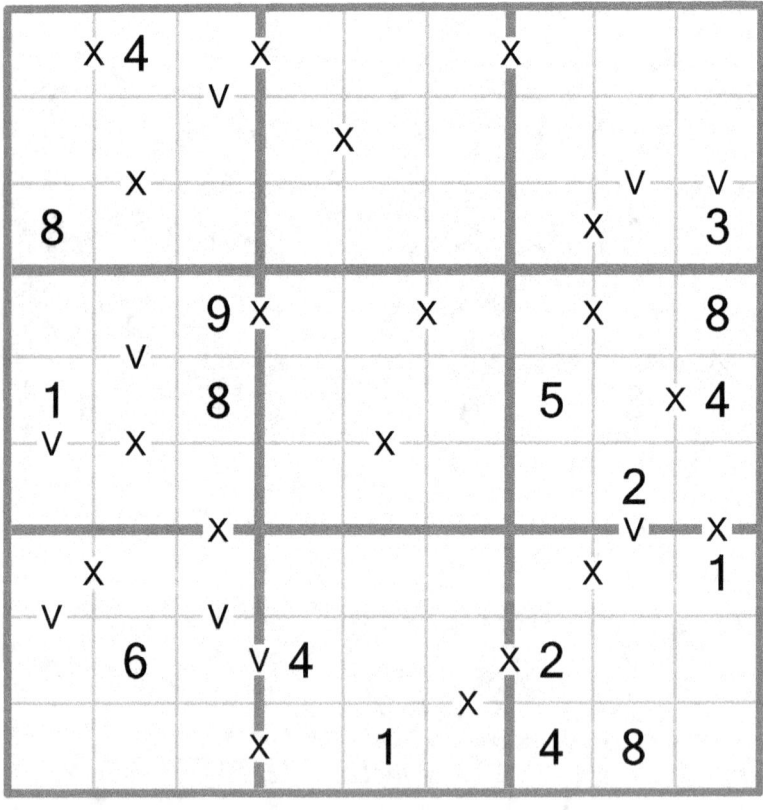

Puzzle-34.

| | | | | | X | | 7 | |
|---|---|---|---|---|---|---|---|---|
| 4 | 8 | | | | 6 | | | |
| 2 | | | | X | X—X | | | |
| | | | | | 4 | | | |
| | | | X | | | | X | |
| | | X | | | 3 | | | 5 |
| 6 | | | | X | | | | V |
| | | | 9 | | V | | 3 | V |
| 1 | 2 | | | X | | 4 | | X |
| | | 9 | V | 5 | | X—X | 6 | |

Puzzle-36.

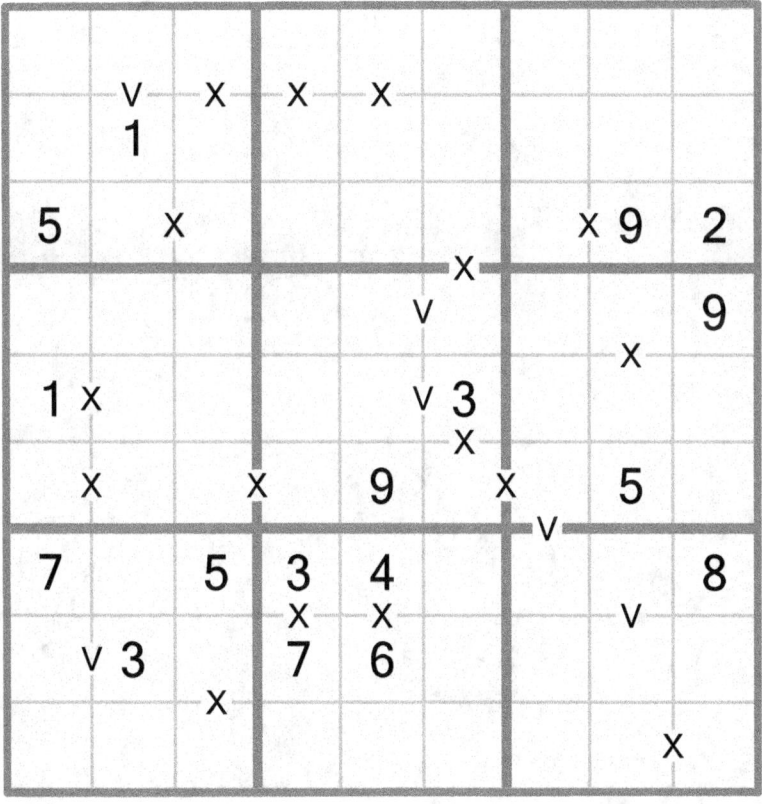

Puzzle-37.

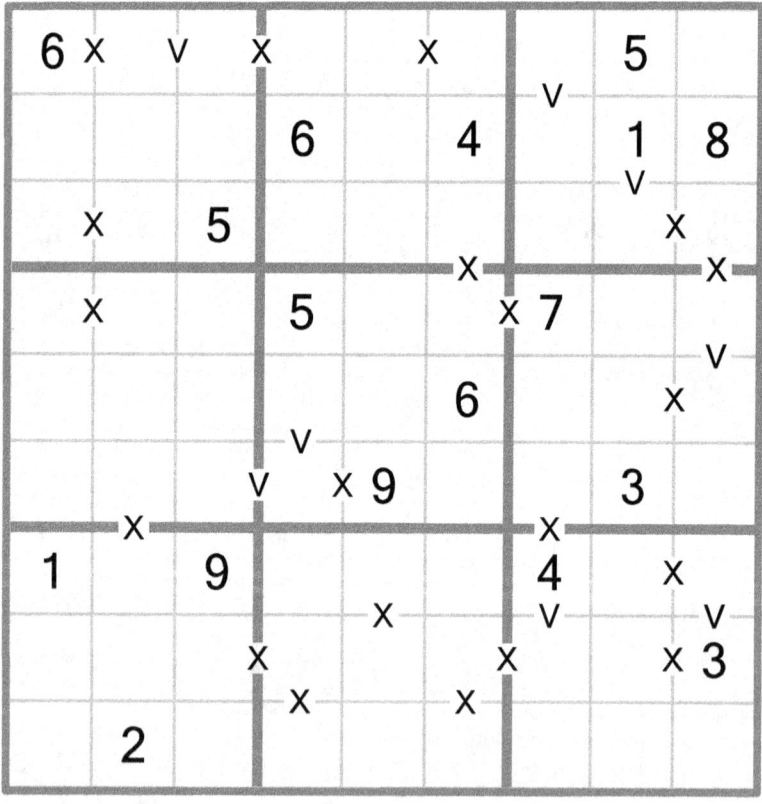

Puzzle-38.

|   | 7 | 5 |   | 2 ∨ |   | 8 |   | × 9 |
|---|---|---|---|---|---|---|---|---|
|   |   | × | 5 |   | ∨ 4 × |   |   | × |
|   |   |   |   | × |   | × |   | 2 |
|   |   | × |   | 8 | 1 |   |   |   |
|   |   | × ∨ | × |   |   |   |   |   |
|   |   | × |   |   |   |   |   | × |
|   |   | ∨ |   | 5 |   | × 1 |   |   |
| 1 ∨ |   |   |   |   |   |   |   | 7 |
|   | ∨ | × | × 1 ∨ |   | × 6 | 9 |   |   |
|   |   |   |   |   |   |   |   | ∨ |

Puzzle-39.

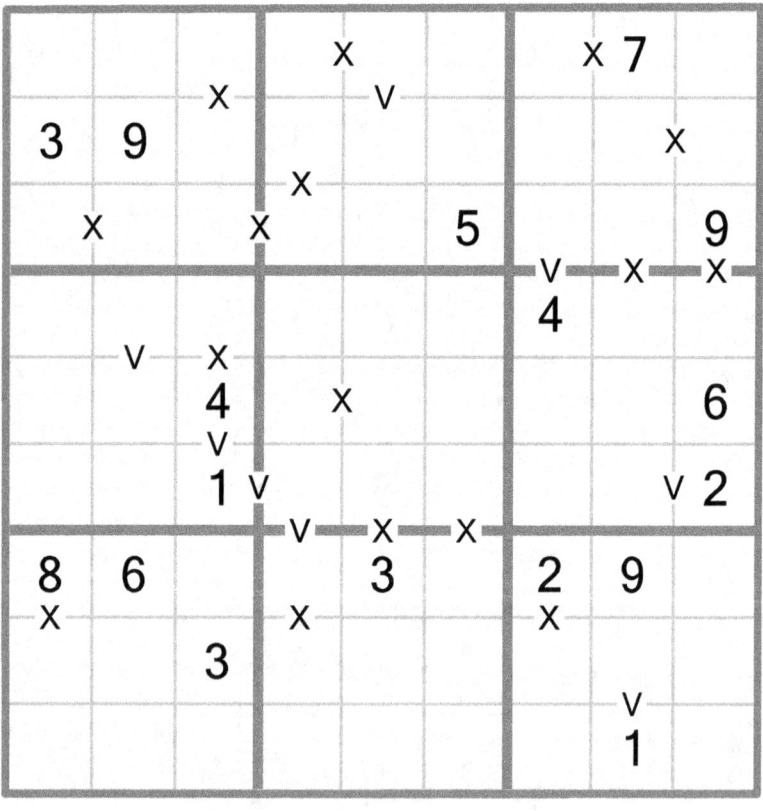

Puzzle-40.

Puzzle-41.

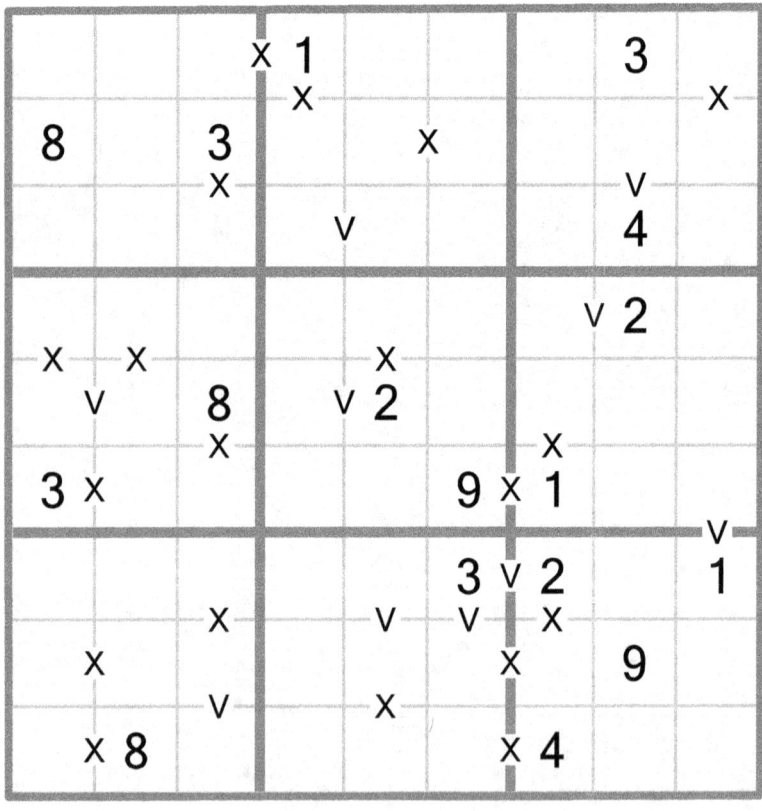

Puzzle-42.

|   |   | 9 |   |   |   |   |   | X |
|---|---|---|---|---|---|---|---|---|
| X |   | X |   |   |   |   |   |   |
| 3 | 1 | 8 | 7 |   |   | X | X |   |
| 2 X |   |   | 9 X | 1 |   |   | 4 X |   |
|   | 3 | X |   |   |   | X |   | X |
|   |   | X |   | X V | X |   |   |   |
|   | 4 X |   |   | X | 1 |   | 2 X |   |
|   |   |   |   |   |   |   | 5 |   |
| 8 | 7 X |   |   | 6 |   | X | V |   |

Puzzle-43.

Puzzle-44.

| | 5 | 7 | 6 | | | | 1 ᵛ | |
|---|---|---|---|---|---|---|---|---|
| ᵛ 3 | | x | ᵛ 1 | | 5 | | x 9 | 7 |
| | | ᵛ 1 | | | | | | |
| | x | ᵛ | x | | | x | | |
| | | | | | 3 x | 7 | | |
| | | | 9 | | 4 | 2 ᵛ | | |
| ᵛ 4 ᵛ | | | | | 9 | | x | |
| | | ᵛ | | x | | | | |
| | | x | | | | ᵛ x | | |

Puzzle-45.

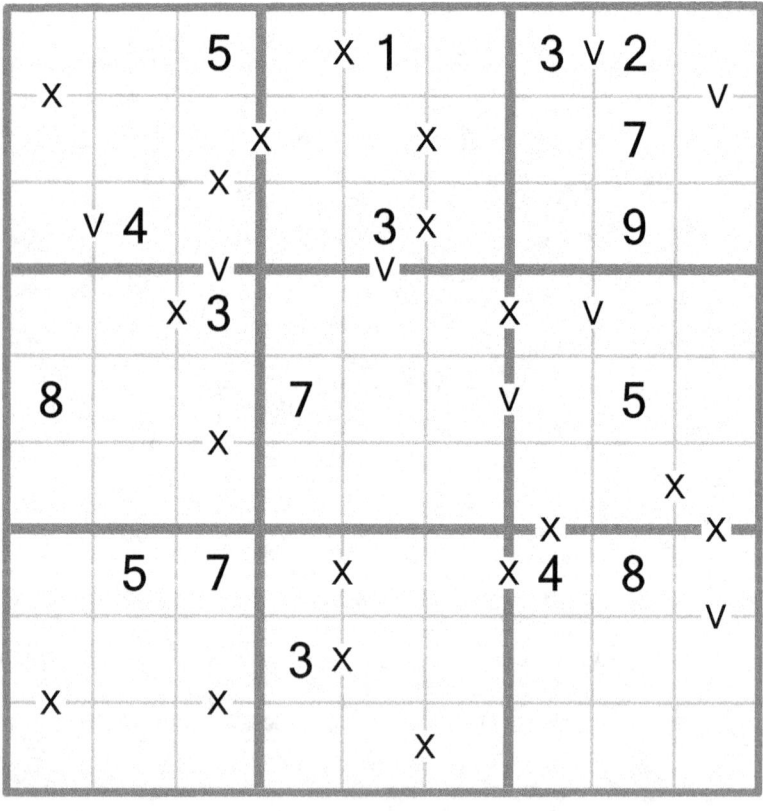

Puzzle-46.

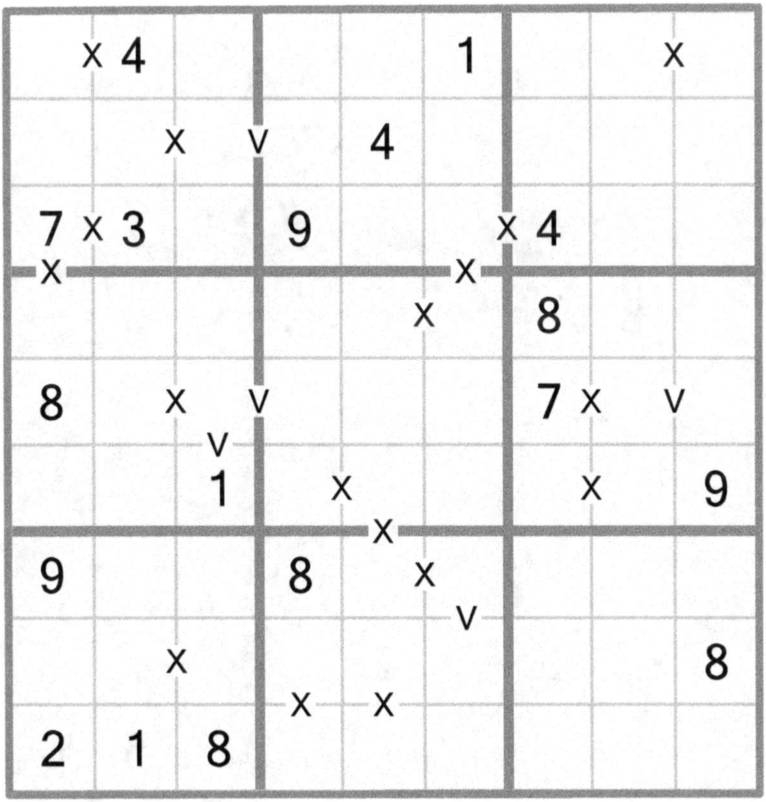

Puzzle-47.

| | | x | | | x | 9 | | x |
|---|---|---|---|---|---|---|---|---|
| | 5 | | | | x 7 | x | | x |
| | | x | | | v | 5 | 2 | x |
| | 8 | x | v | v | x | x | 9 | x |
| x | | | | | v | | | |
| 5 | | | x | 7 | | | x | |
| | | | x | | 5 | | v | x |
| 8 | | 5 | v | | 2 | x | 7 | x |
| | 4 | v | 1 | | | | 5 | 6 |

Puzzle-48.

Puzzle-49.

Puzzle-50.

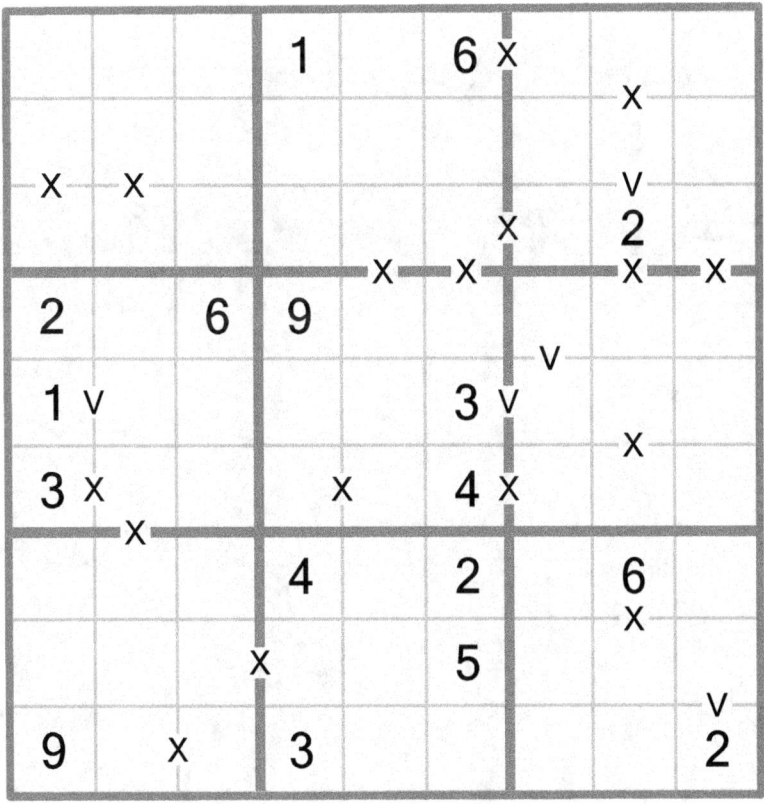

Puzzle-51.

| | | | | | | | | |
|---|---|---|---|---|---|---|---|---|
| | | | x | | | | x | V |
| | 5 | x | | V | | 4 | x | |
| x | | | | | x | | | |
| 3 | 6 | 2 x | | | | | 1 | x |
| 8 | x | | x | | x | | | x |
| | x | | | 5 | | | | |
| | | | | | | | 5 | |
| | | | x | | | | | |
| | | 5 | | V | x | | x | |
| | 1 | 7 | | 9 | | 4 | | |
| | | 6 | | V 2 | 1 | x | | |

Puzzle-52.

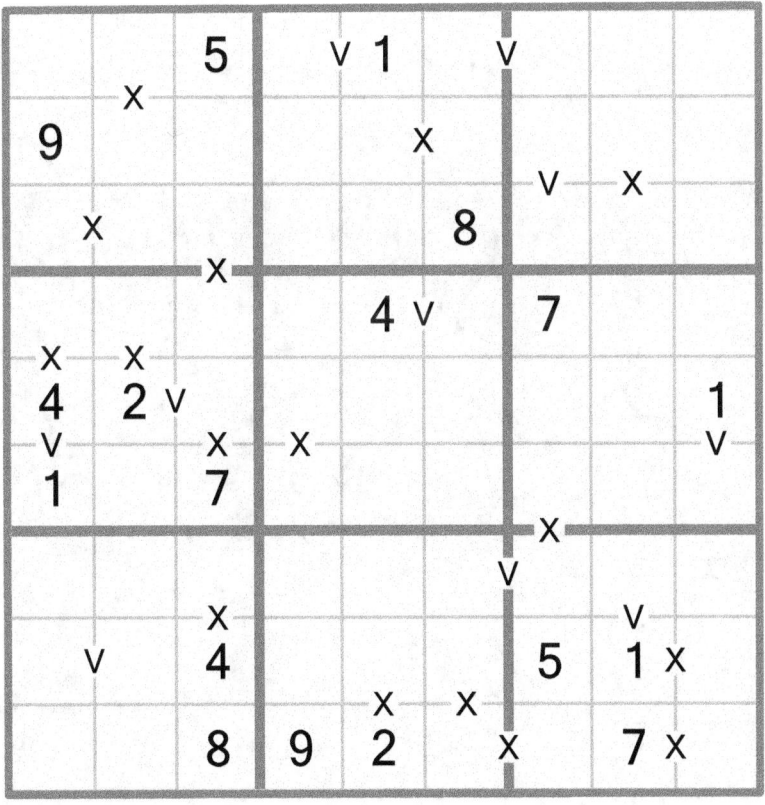

Puzzle-53.

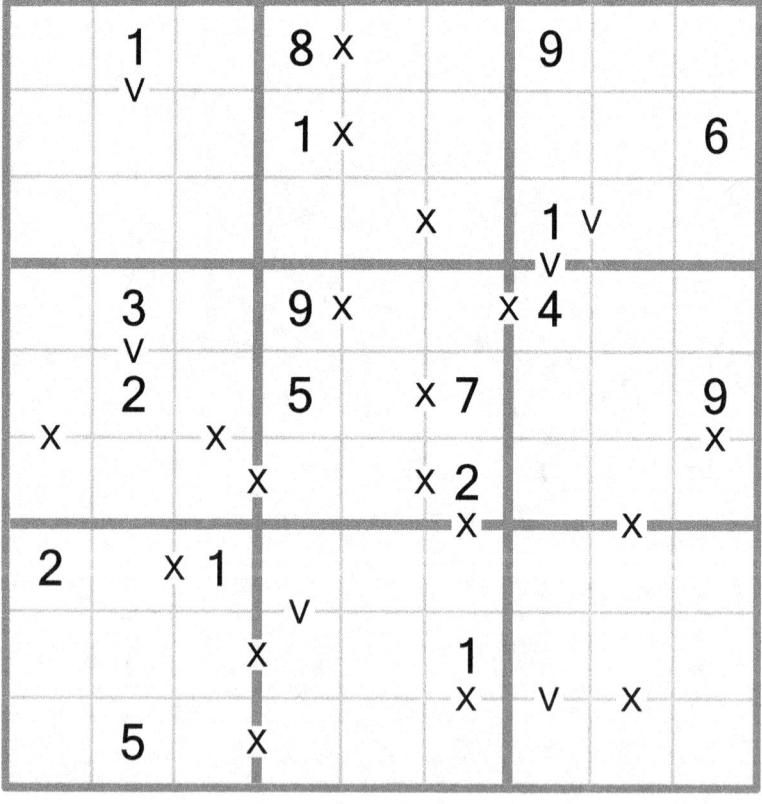

Puzzle-54.

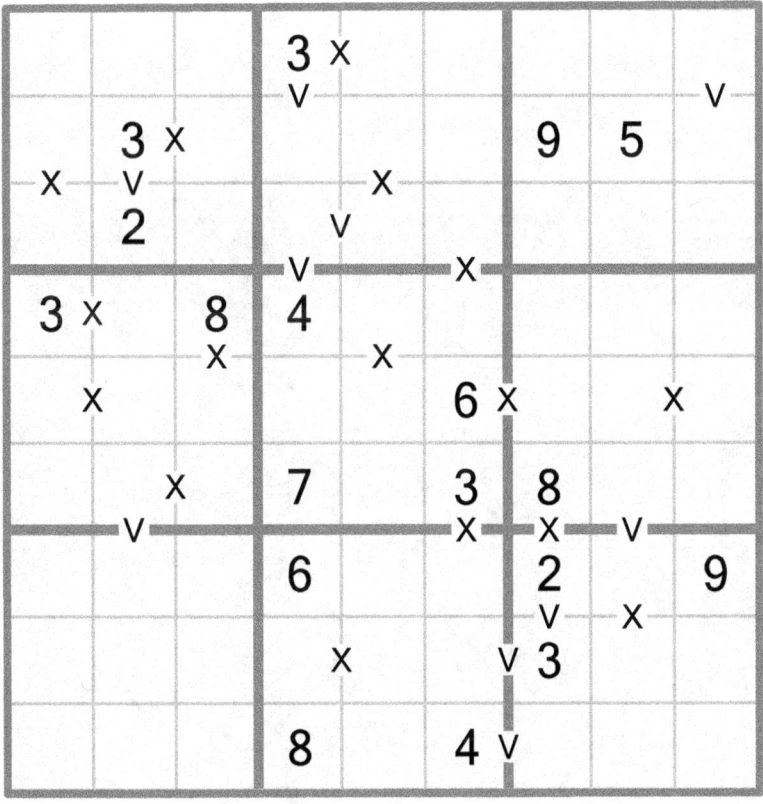

Puzzle-55.

Puzzle-56.

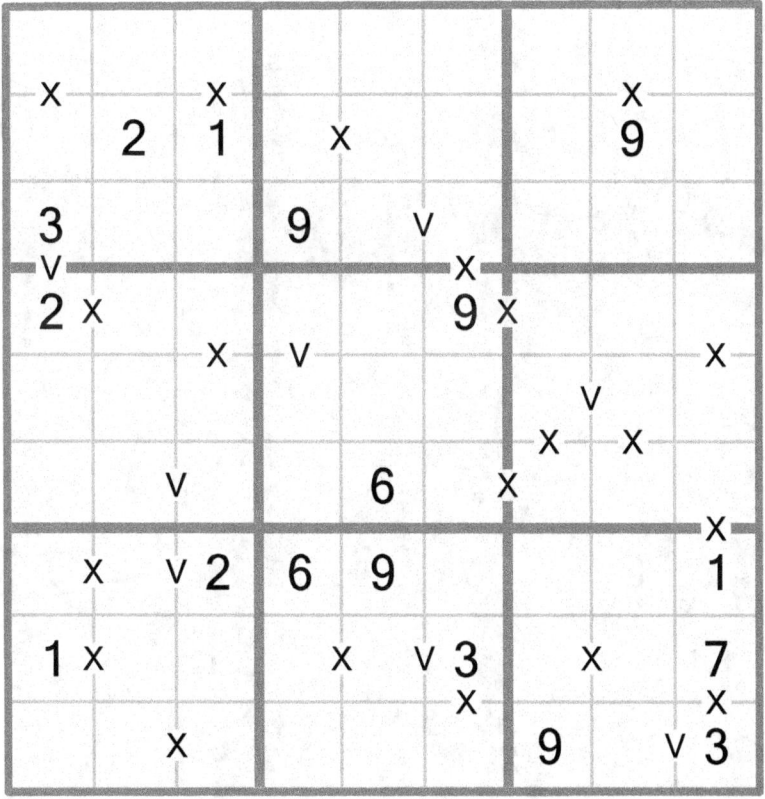

Puzzle-57.

|   |   | x | 9 |   |   |   |   |   |
|---|---|---|---|---|---|---|---|---|
|   |   |   |   |   |   | x |   |   |
| 9 | 7 | x |   | 6 | 8 x | v |   | v |
|   |   | x |   | x | v |   |   | 2 |
|   |   |   | v | x |   |   |   |   |
|   |   | 8 |   | 2 |   | x |   | x |
|   |   | 3 | 5 |   | x |   | 7 |   |
| v | 8 | x |   |   | x |   |   | 7 |
|   | v |   |   |   | 1 x |   |   |   |
|   | x 4 |   |   | 9 | 2 v |   |   |   |

Puzzle-58.

Puzzle-59.

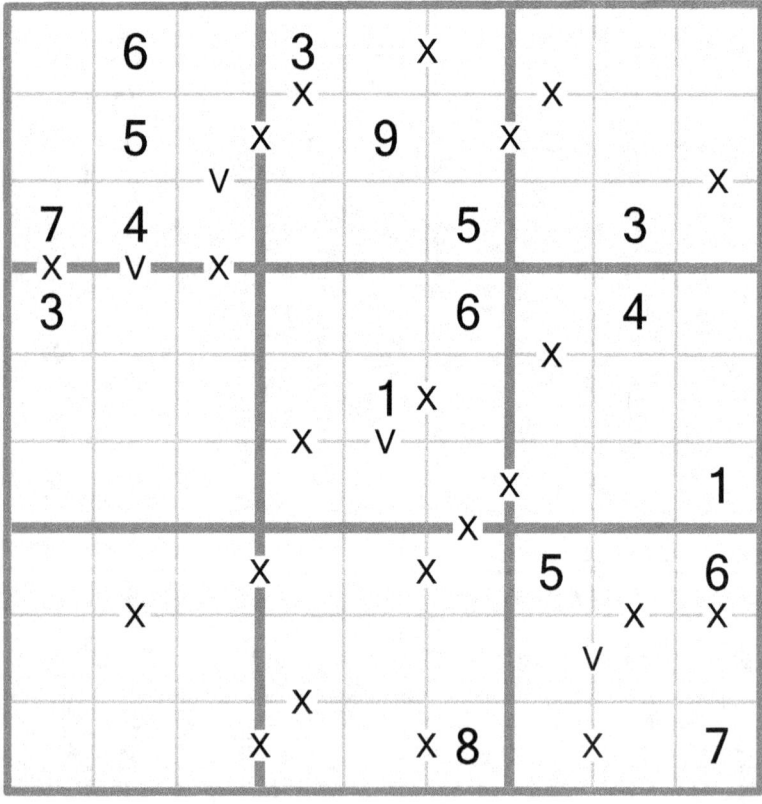

Puzzle-60.

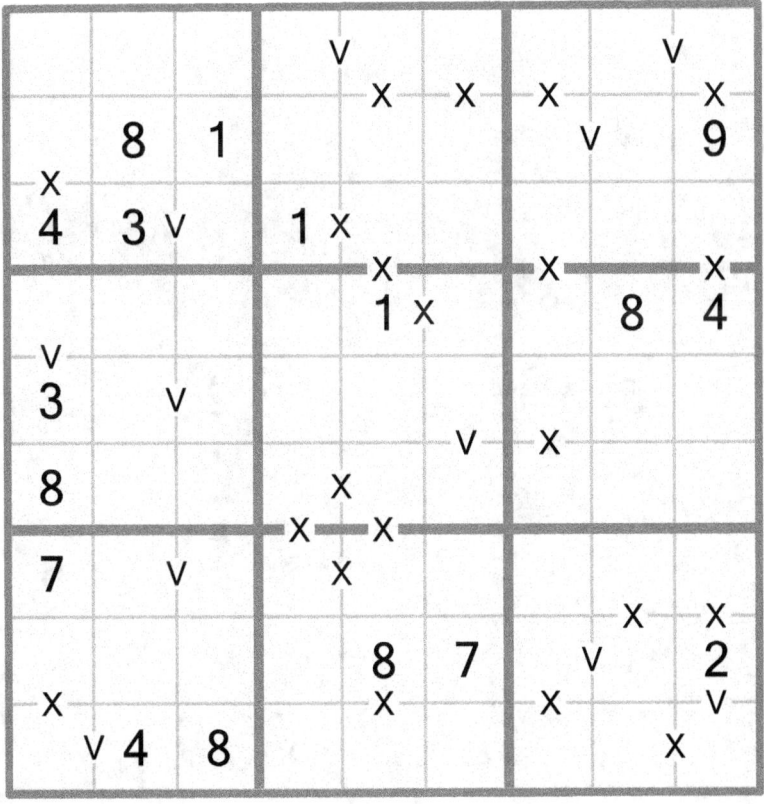

Puzzle-61.

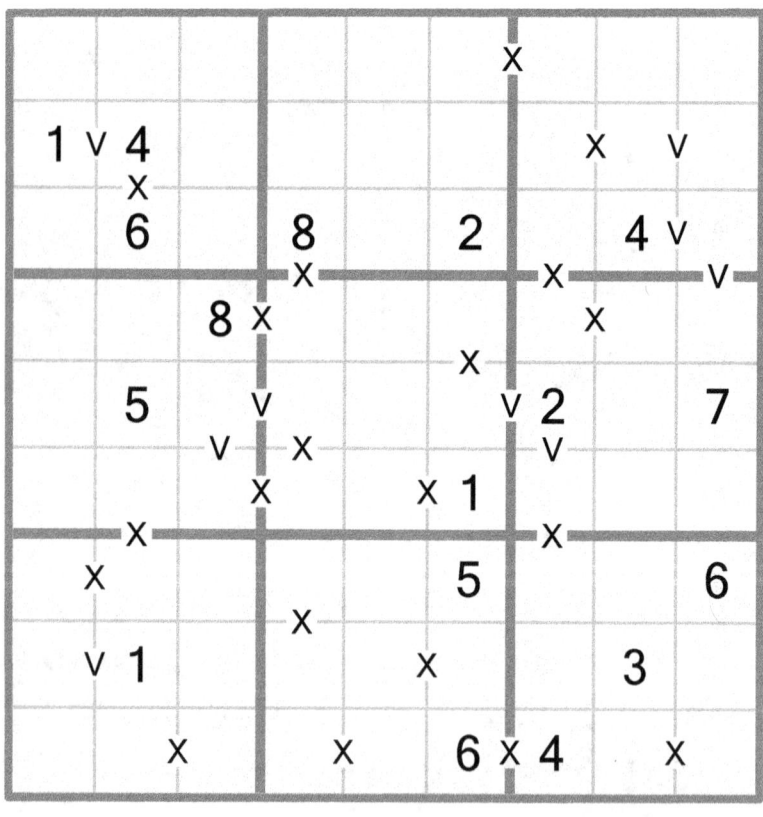

Puzzle-62.

Puzzle-63.

|     |     |     |     |     |       |     |     |     |
|-----|-----|-----|-----|-----|-------|-----|-----|-----|
| 6   | 1   |     |     |     | 3  v  |     |     |     |
|     | x   |     |     | x   |       |     |     |     |
| 5   |     |     |     |     |       |     | 8   |     |
|     |     |     |     |     | x     |     |     |     |
|     | x   | v   |     | x   |       | x 1 | 7   |     |
| x   |     |     | x   |     |       |     |     |     |
|     | 6   |     |     |     |       | x   |     | 8   |
|     |     |     | v   |     |       |     |     |     |
|     | 5   |     | 1   |     |       | x   | 2   |     |
|     |     |     |     | 9   |       |     |     |     |
|     | x   |     |     |     |       |     |     |     |
| x 7 |     |     |     |     | 5     |     | 4 v |     |
|     | x   |     |     |     |       |     | x   |     |
| x   |     |     |     |     |       |     |     |     |
|     |     |     | x   |     | 9     |     |     |     |

Puzzle-64.

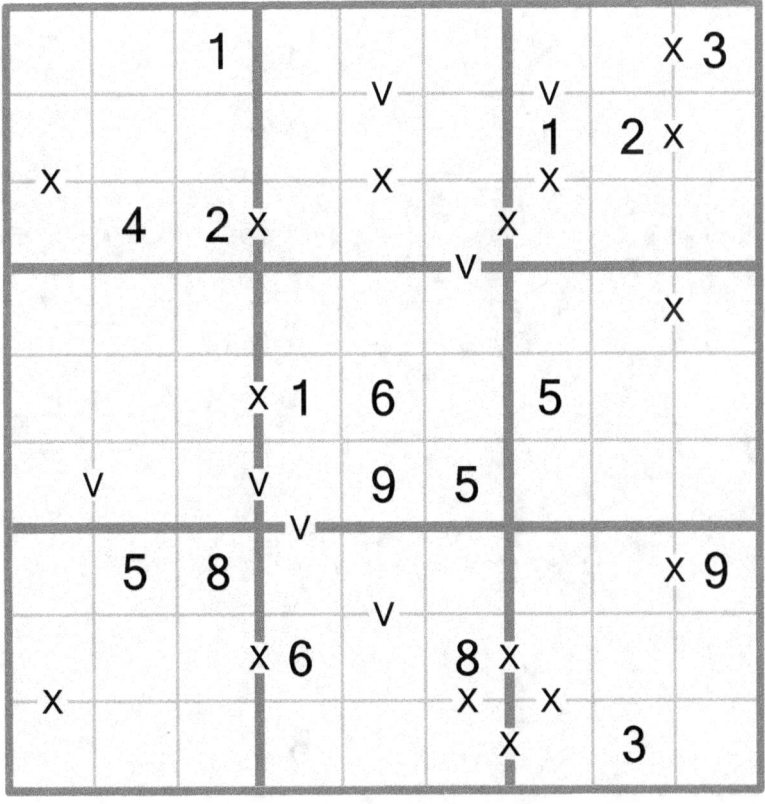

Puzzle-65.

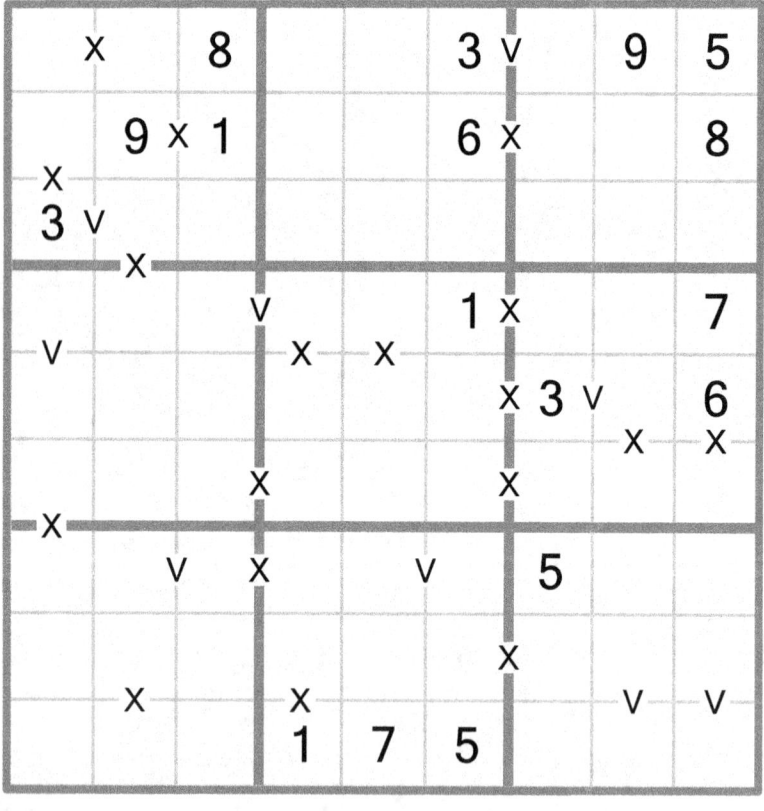

Puzzle-66.

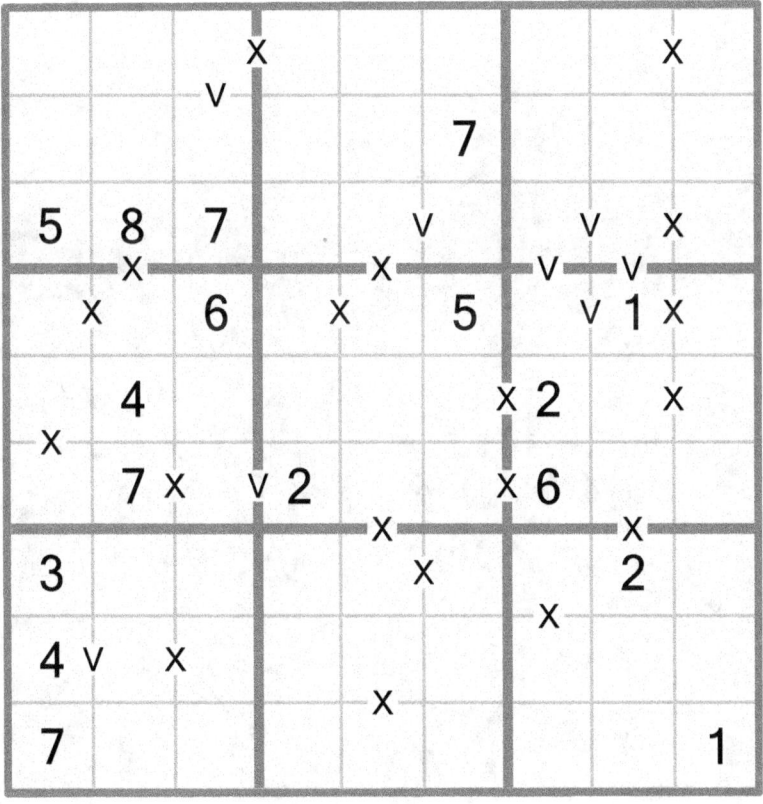

Puzzle-67.

Puzzle-68.

| 5 |  | X |  | X |  | X | 3 |  | X |  |
| V | 2 |  |  | 4 |  |  |  | 9 | X |  |
| | X | | | V | | | | | | |
| 4 |  |  | 6 |  | X |  | X | 7 |  |  | 2 |
| | | | | | X | | | | | | |
| |  |  |  |  | V | X |  |  | X |  |  |
| | X | | | 7 | | | | | | |
| |  |  |  |  |  |  |  |  | 1 | V |
| | | X | | X | | | | | | |
| |  | 5 |  | X | 7 | 4 | V |  | 6 |  |  |
| | | | | | | | V | | | X |
| | | | X | | | | | | | |
| |  | X |  | V |  |  |  |  | X |  |  |
| |  | 4 |  |  | V |  |  | X |  |  | 5 |

-71-

Puzzle-69.

Puzzle-70.

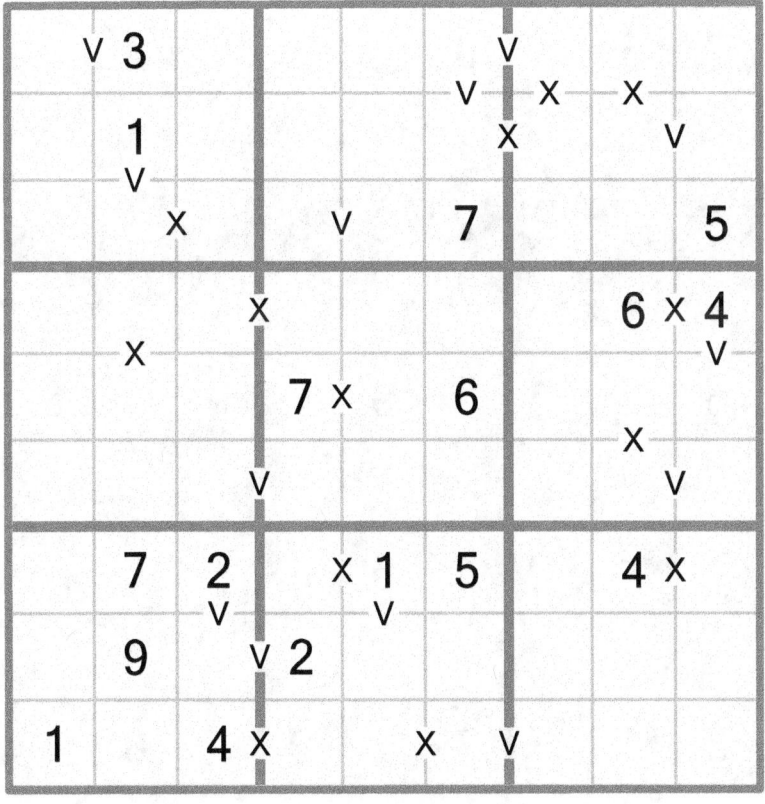

| 7 | 5 |   | 9 |   | 1 |   | 4 | 3 |
|---|---|---|---|---|---|---|---|---|
|   |   |   |   |   |   |   |   |   |
|   |   |   | 2 | 3 | 5 |   |   |   |
|   |   |   |   |   |   |   |   |   |
| 6 |   |   |   | 9 |   |   |   | 8 |
|   |   |   |   |   |   |   |   |   |
|   |   |   | 1 | 5 | 3 |   |   |   |
|   |   |   |   |   |   |   |   |   |
| 3 | 4 |   | 7 |   | 9 |   | 8 | 1 |

Puzzle-72.

Puzzle-73.

| 8 x | | | x 1 v | | | | x 7 |
|-----|---|---|-------|---|---|---|-----|
| 4 | x | | | | | x | 6 x |
| | x | | x 7 | | | x | v |
| 6 | | | 9 | | x 7 | | |
| 9 | 5 | v | | | 6 x | | 2 |
| x | v 4 | | | x | | 9 |
| | x | 6 x 4 | x v | | |
| 6 | | x | v | x 8 |
| 3 | v | x | v 2 x | | 9 |

Puzzle-74.

|   |   | x 4 |   | 1 x |   | 3 x |   |   |
|---|---|---|---|---|---|---|---|---|
|   | v |   |   | 6 | x | x v x |   |   |
|   |   |   |   |   | v |   |   |   |
| 5 | x |   | x | 4 |   |   | x | 6 |
| 6 |   | 8 x |   | x |   | 4 | x 7 |   |
| 3 | v | v |   | 8 |   |   | x 9 | x |
|   | x |   | x | v |   |   |   | v |
|   |   |   | v 3 | x |   |   |   |   |
|   |   | 1 |   | 9 |   | 2 |   |   |

Puzzle-75.

| 4 | | x 7 | | 6 | | 5 | | x |
|---|---|---|---|---|---|---|---|---|
| | | | 5 | | x | | | v |
| x 2 | | 1 v | | | | x | | 6 |
| | 2 v | x 7 | | | | | x | |
| 5 | | | x | | v | | | 7 |
| | v | x | | | x · v | | x | |
| | | | | | 8 x | | 4 | |
| 1 x | | | | | | 7 | x | 3 |
| | | | x | 6 | | | | |
| | x | 4 | x 2 | | | 6 | | 9 |

Puzzle-76.

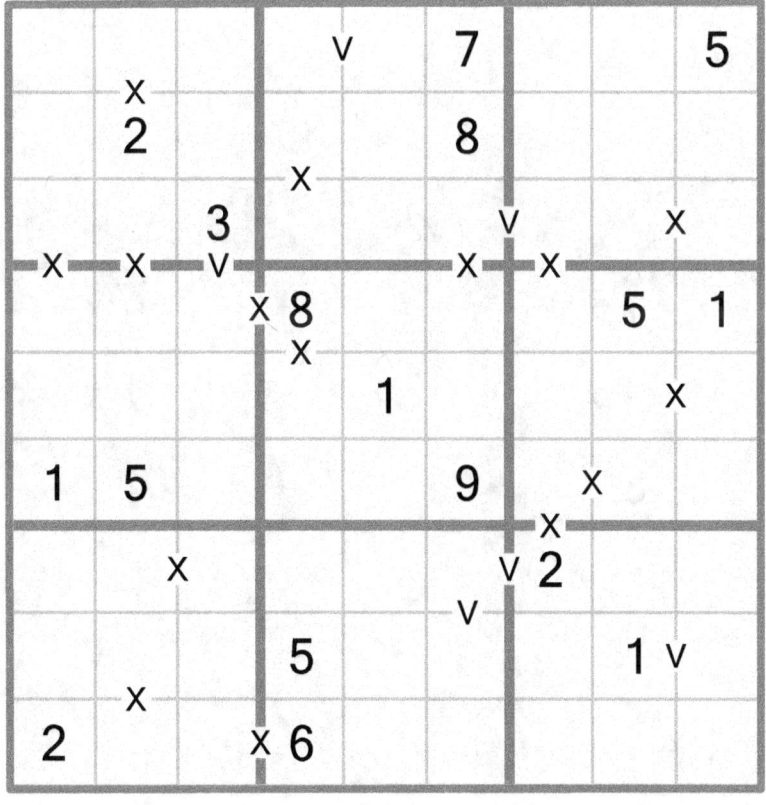

Puzzle-77.

Puzzle-78.

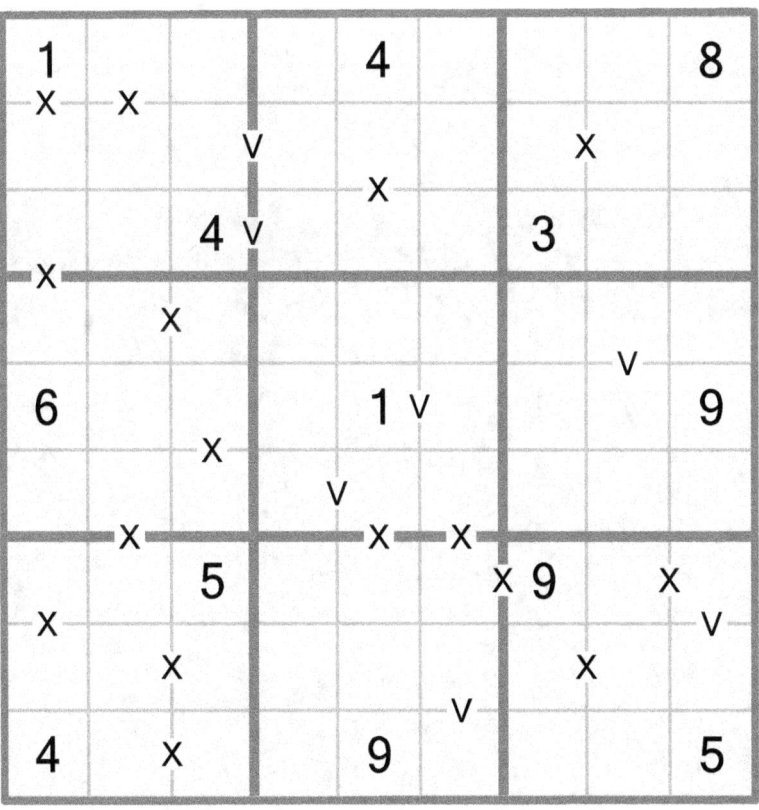

Puzzle-79.

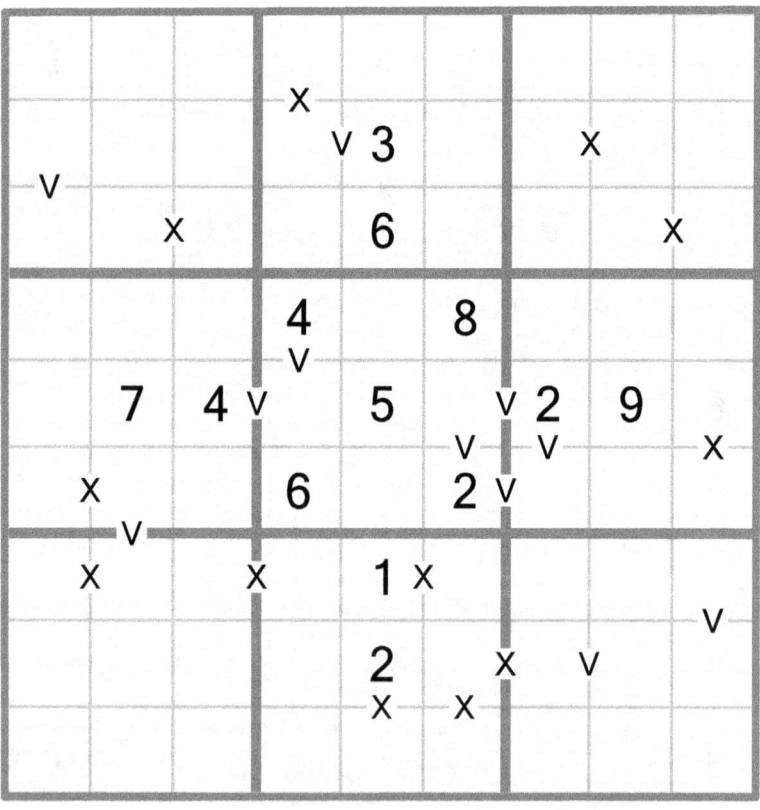

Puzzle-80.

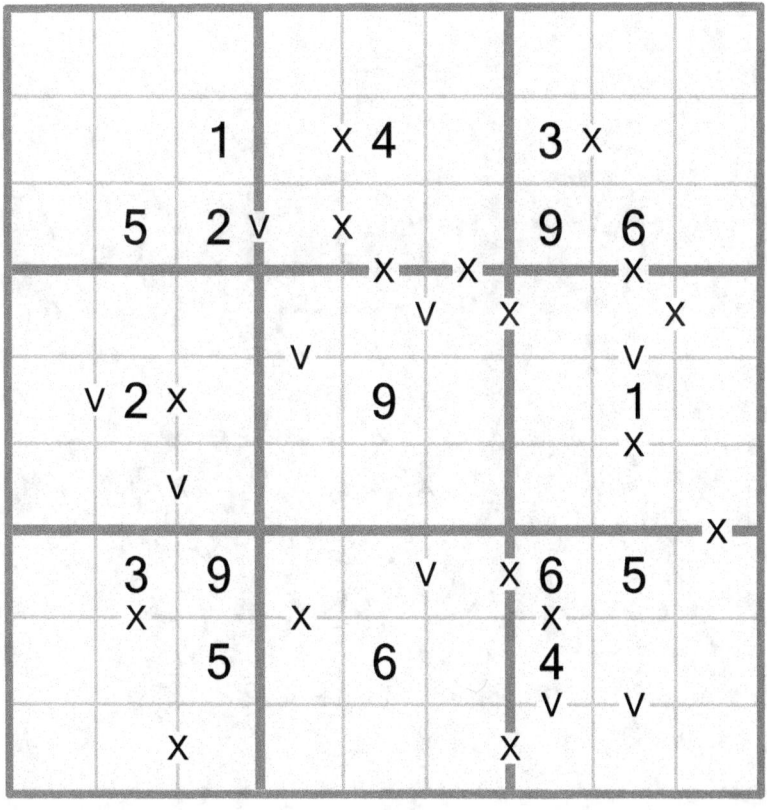

Puzzle-81.

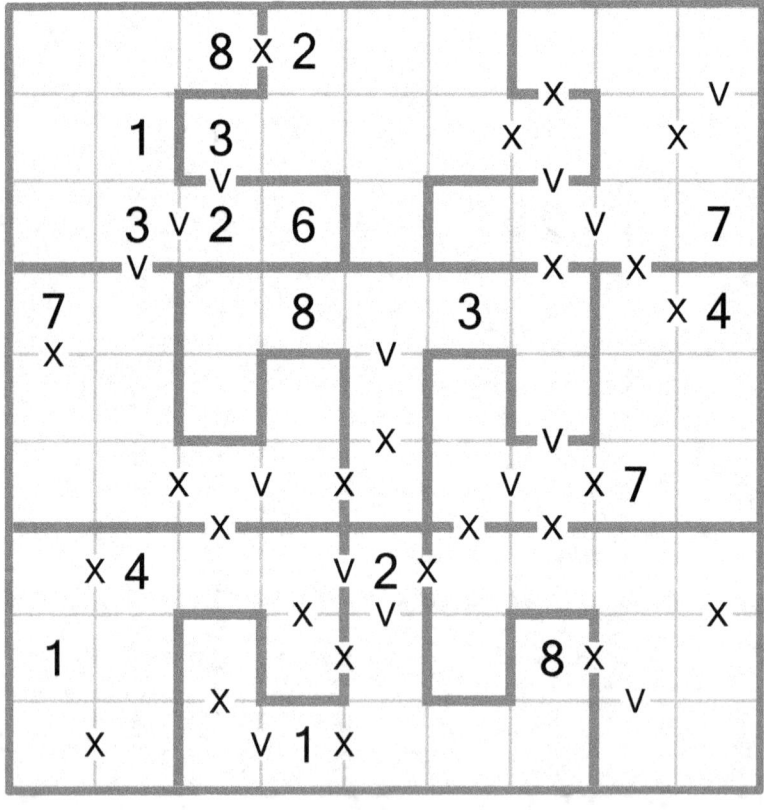

Puzzle-82.

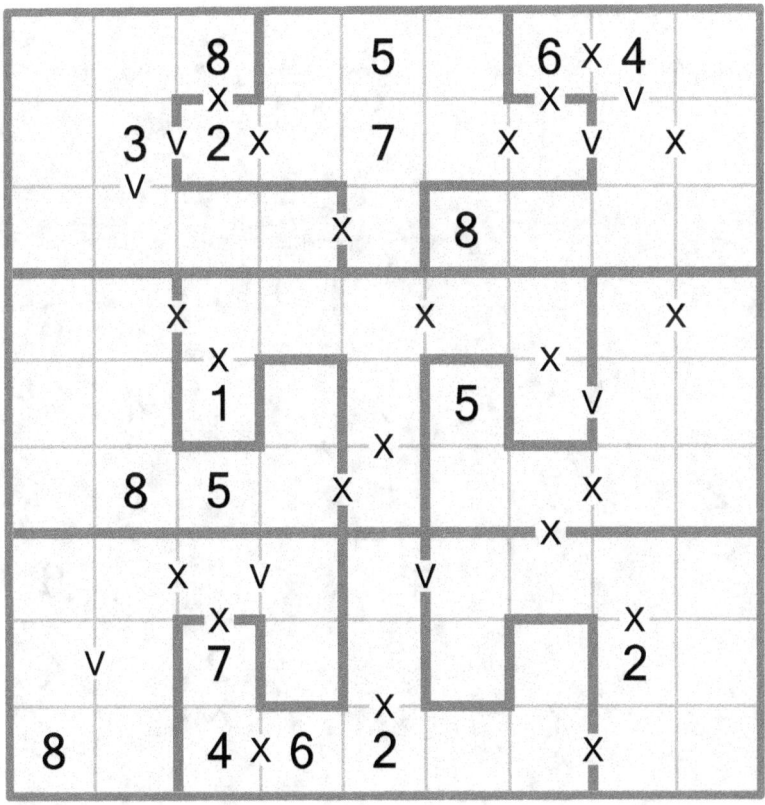

Puzzle-83.

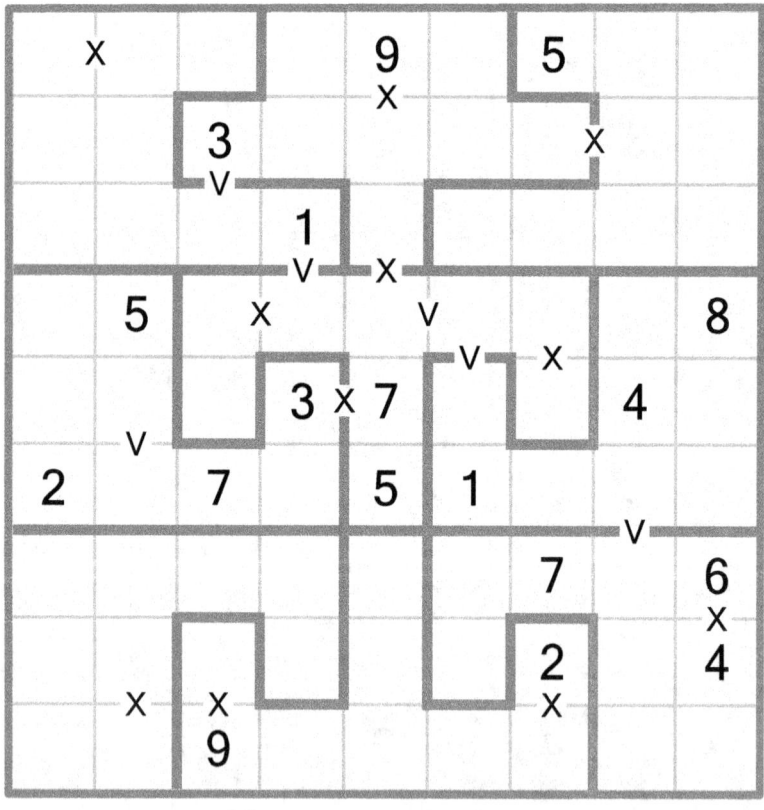

Puzzle-84.

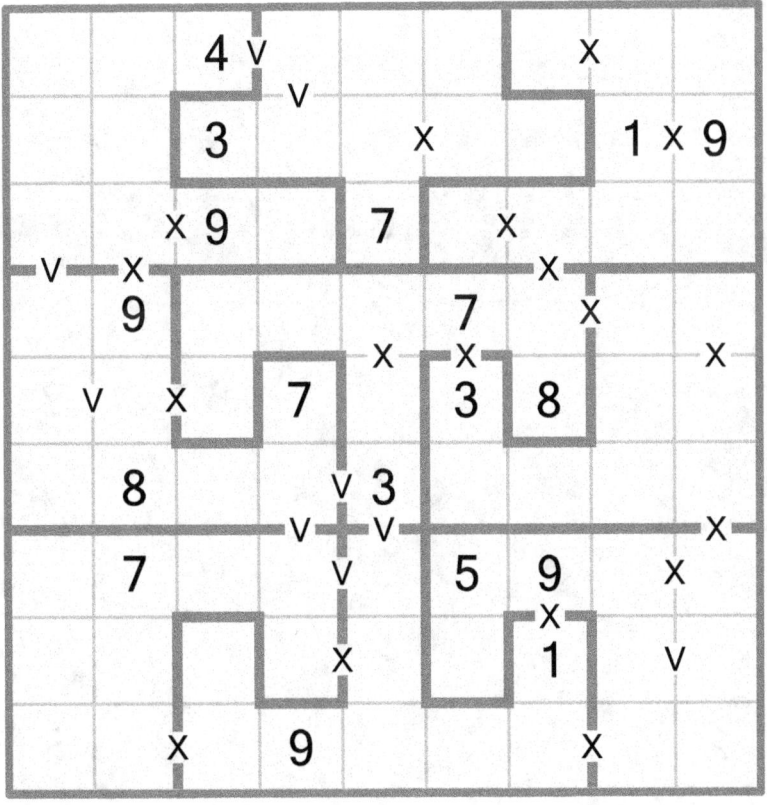

Puzzle-85.

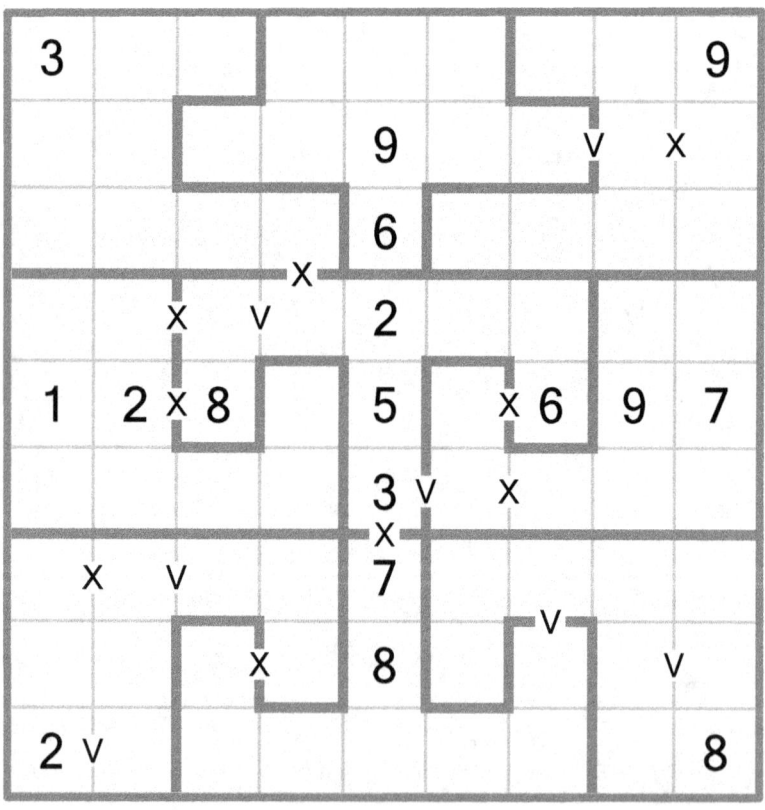

Puzzle-86.

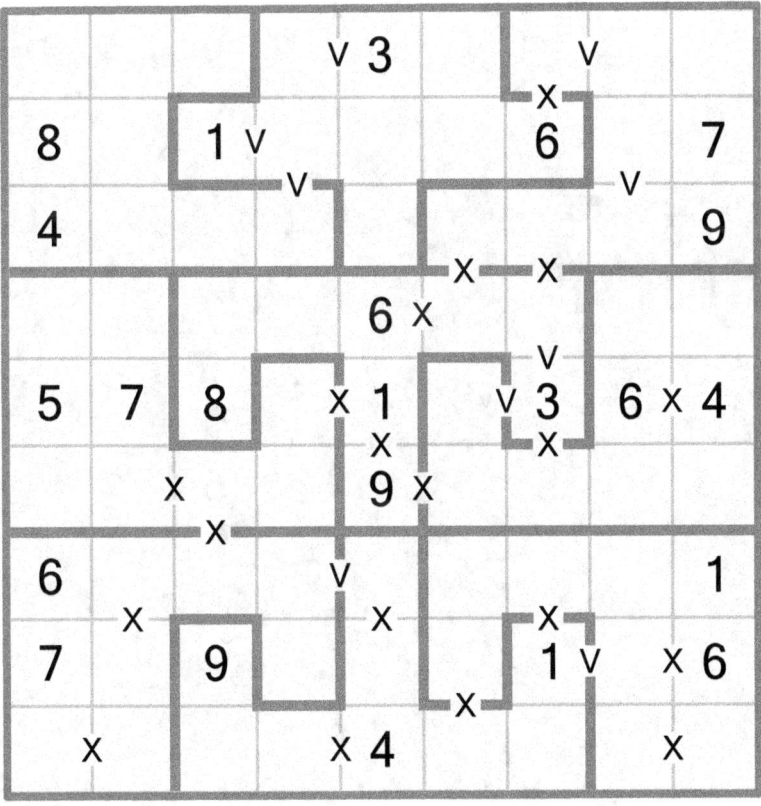

Puzzle-87.

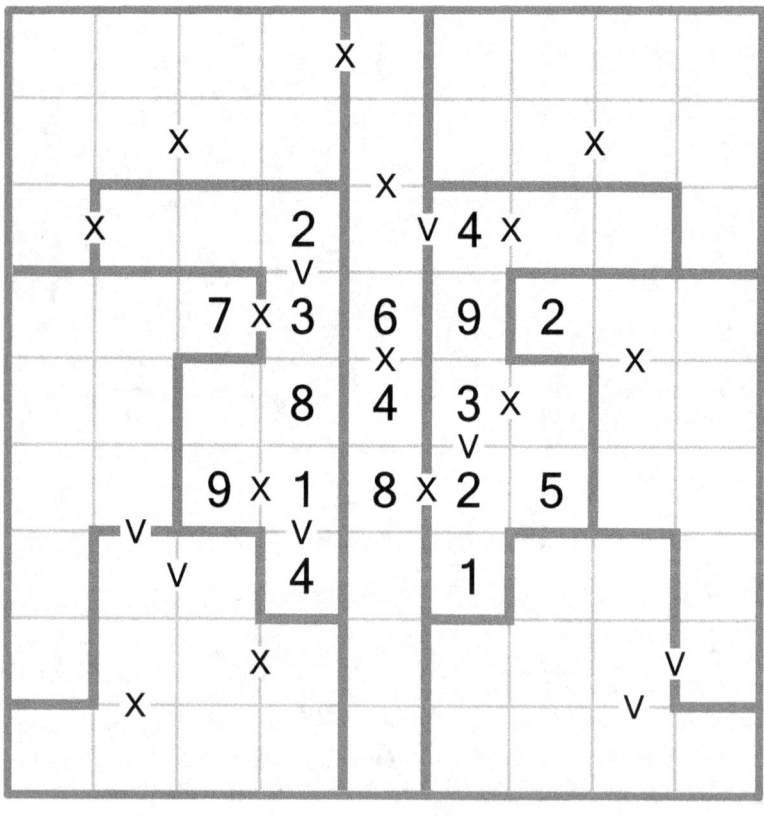

Puzzle-88.

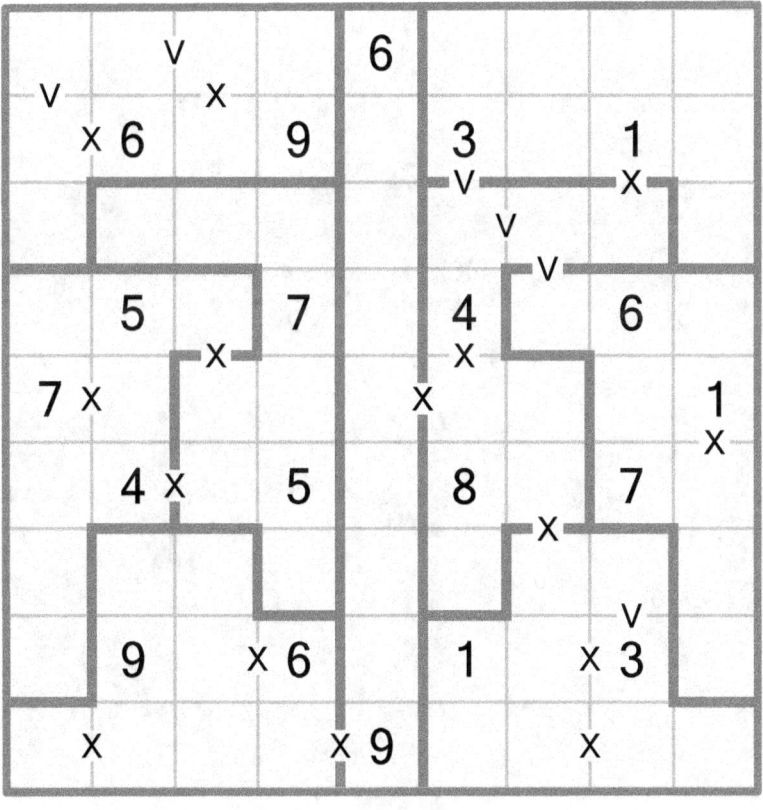

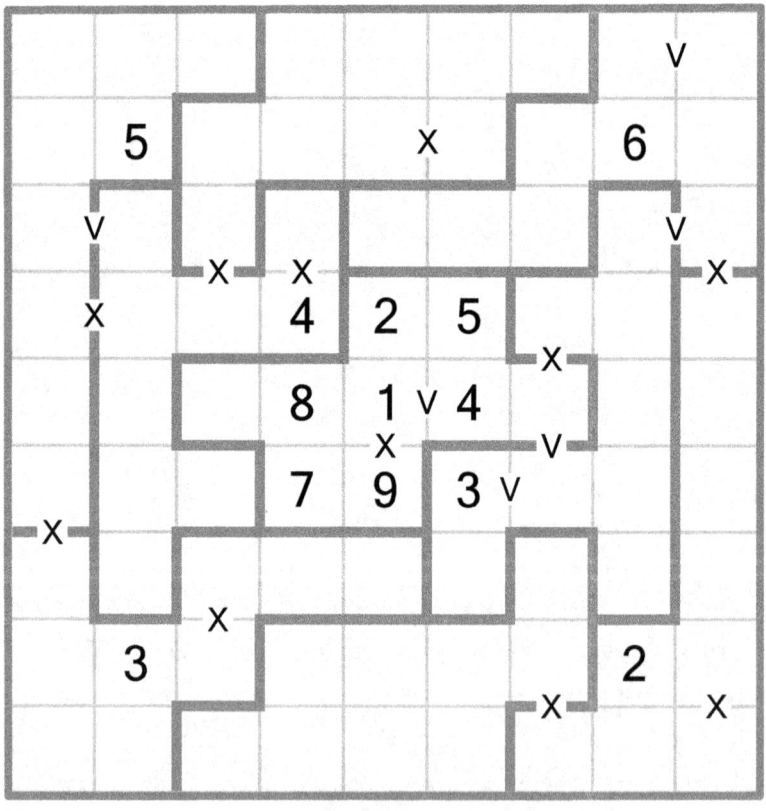

Puzzle-90.

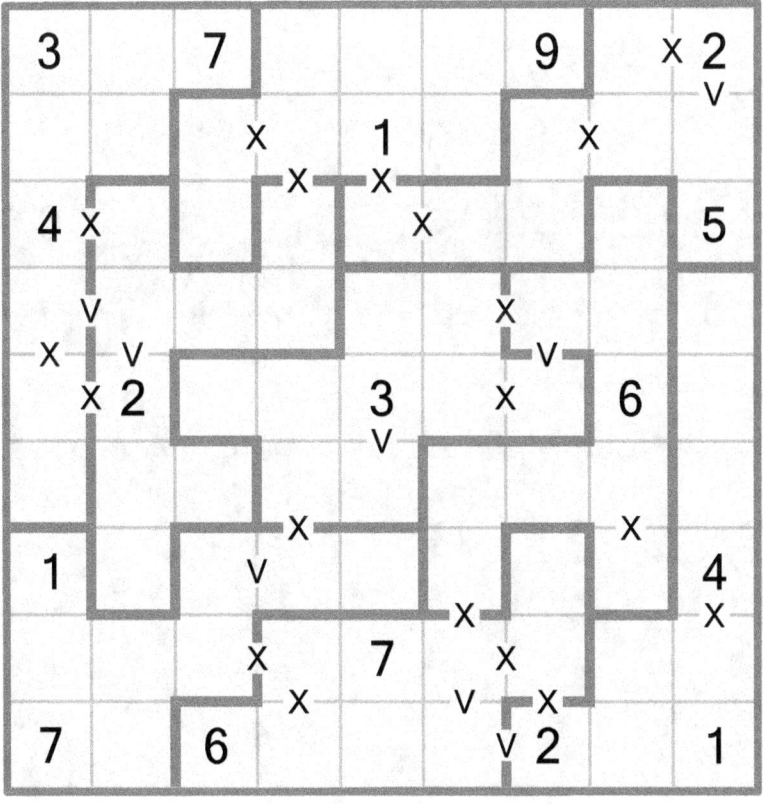

The additional constraints of Windoku (or hyper-Sudoku): The digits in each of the the four shaded 3x3 squares are from 1 to 9 and must occur only once. The coordinates of the 4 additional 3x3 squares (shaded bellow) are: (i) (r2,c2) to (r4,c4) , (ii) (r2,c6) to (r4, c6), (iii) (r6,c2) to (r8,c4) and (iv) (r6,c6) to (r8,c8)

Puzzle-91: XV-Sudoku and the additional constraints of windoku.

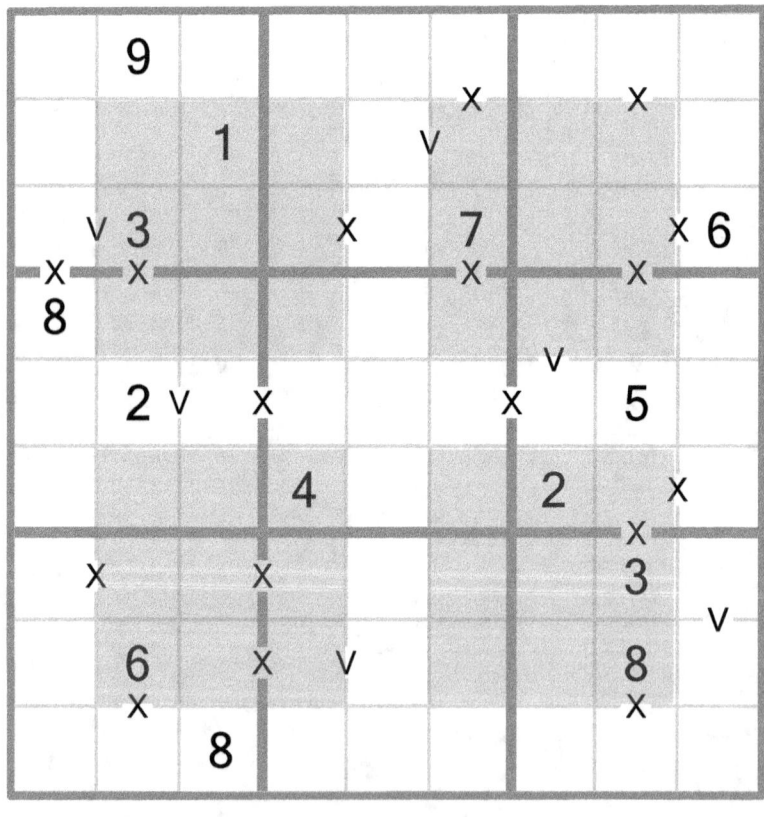

The additional constraints of diagonal-Sudoku: The digits along each of the 2 main diagonals (the cells connected by the diagonal lines in the grid bellow) are from 1 to 9 and without repetition.

Puzzle-92: XV-Sudoku and the additional constraints of diagonal-Sudoku

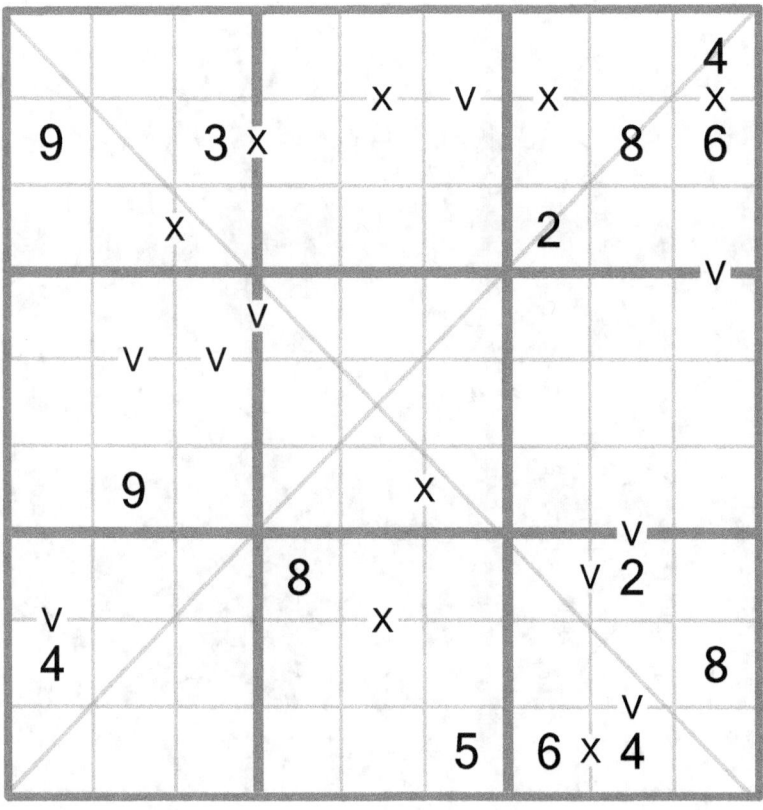

Puzzle-93. XV-Sudoku and the additional constraints of Windoku (shown in page 94) and the additional constraints of diagonal-Sudoku (shown in page 95)

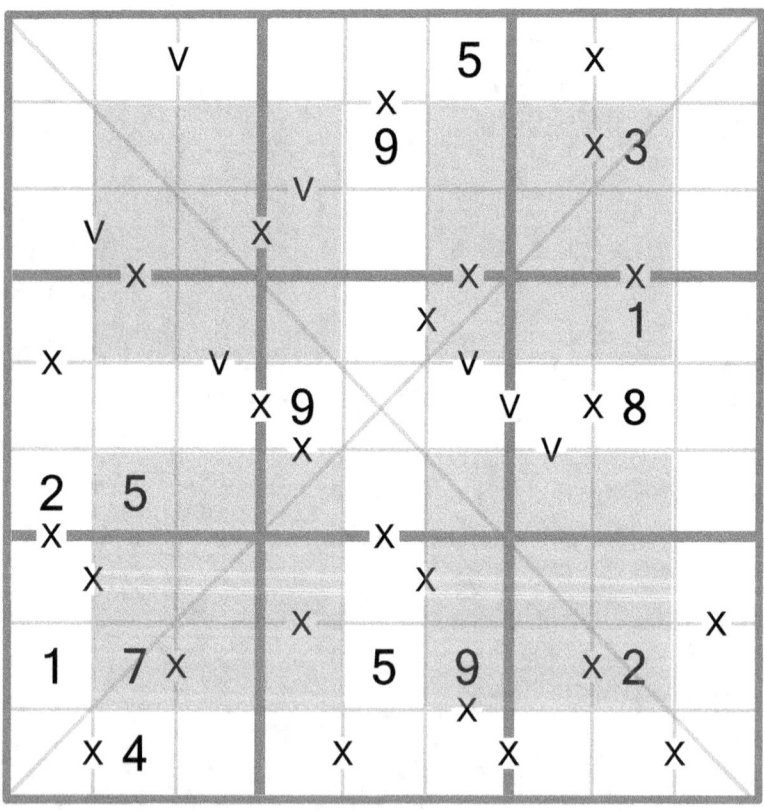

The additional constraint of the asterisk Sudoku imposes that the digits on the shaded cells arranged in an asterisk pattern are from 1 to 9 and without repetition. The asterisk pattern cells, shown bellow as shaded, are: (r2,c5), (r3,c3), (r3,c7), (r5,c2), (r5,c5), (r5, c8), (r7,c3), (r7,c7) and (r8,c5)

Puzzle-94. XV-Sudoku and the additional constraint of asterisk Sudoku

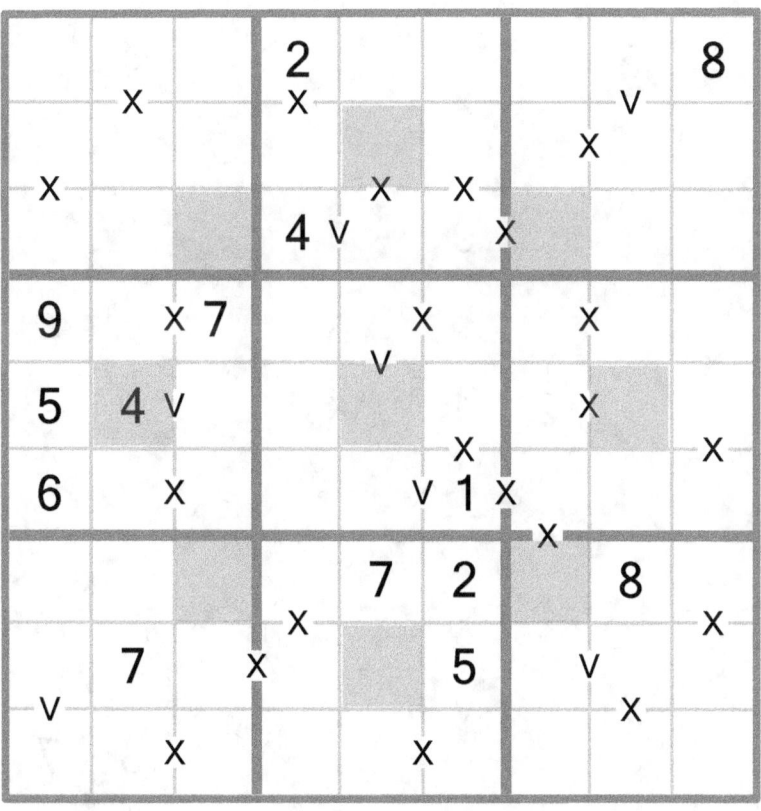

Puzzle-95. XV-Sudoku and the additional constraint of asterisk Sudoku (shown in page 97) and the additional constraints of diagonal-Sudoku (shown in page 95)

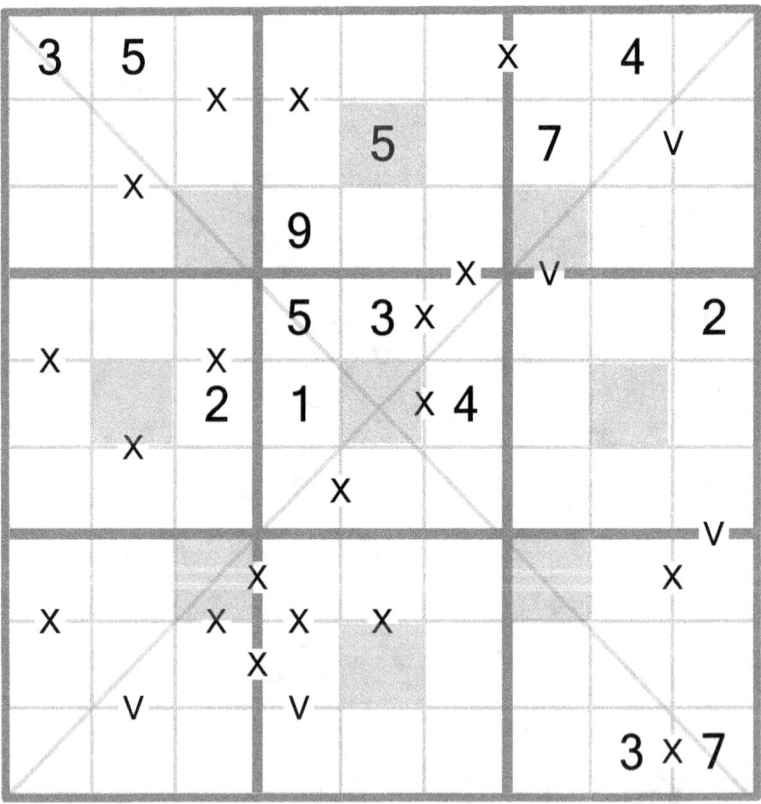

The additional constraints of the anti-knight Sudoku imposes that cells at a distance of one chess knight move, that is a distance of 2 by 1 (or 1 by 2) cannot have identical numbers. Example: if (r3,c1) has the digit 1, then the cells (r4,c3) and (c5,c2) [ which are at a chess's knight move from (r3,c1) ] cannot have the digit 1.

Puzzle-96. XV-Sudoku and the additional constraints of anti-knight Sudoku

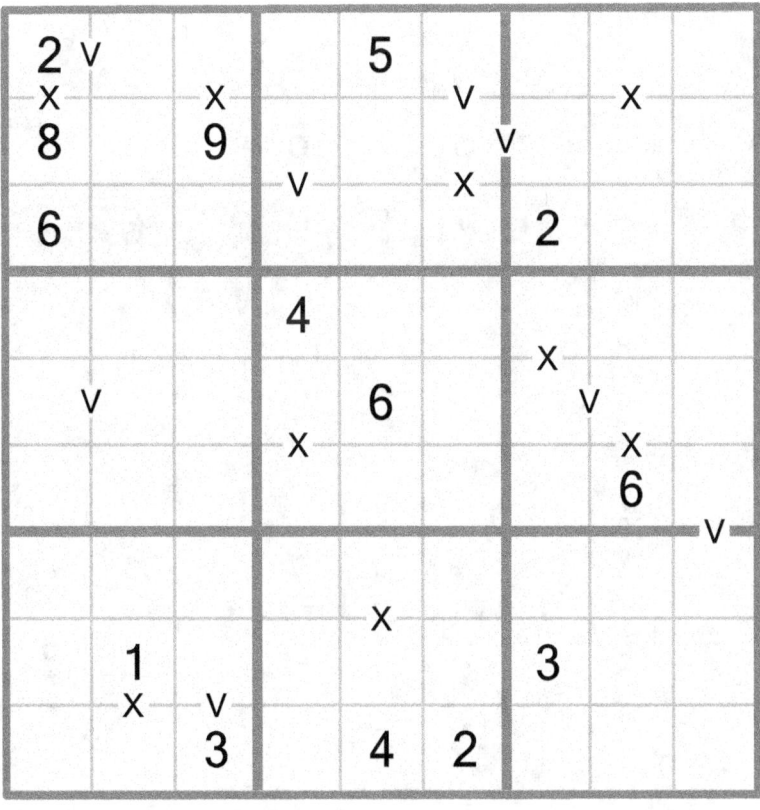

The additional constraint of the center-dot Sudoku imposes that the digits on the shaded cells arranged in an 'center-dot' pattern are from 1 to 9 and without repetition. The center-dot pattern cells, shown bellow as shaded, are: (r2,c2), (r2,c5), (r2,c8), (r5,c2), (r5,c5), (r5,c8), (r8,c2), (r8,c5) and (r8,c8)

Puzzle-97: XV-Sudoku-Jigsaw with the additional constraint of center-dot Sudoku

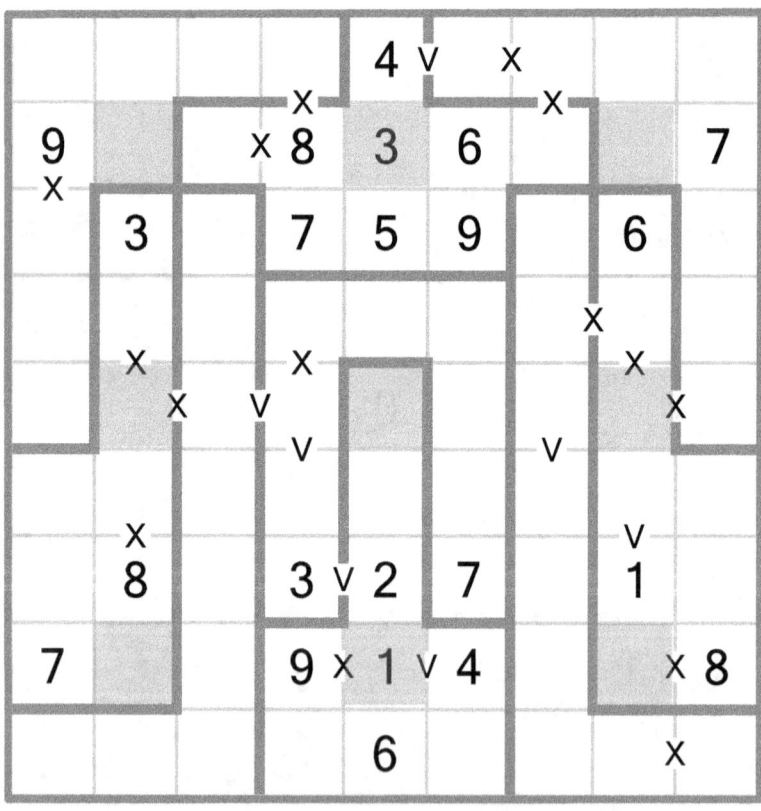

The additional constraints of the anti-king Sudoku (or touch-less Sudoku) imposes that cells that are orthogonal or diagonal adjacent (neighbors) cannot have identical numbers.

Puzzle-98. XV-Sudoku-Jigsaw with the additional constraints of anti-king Sudoku

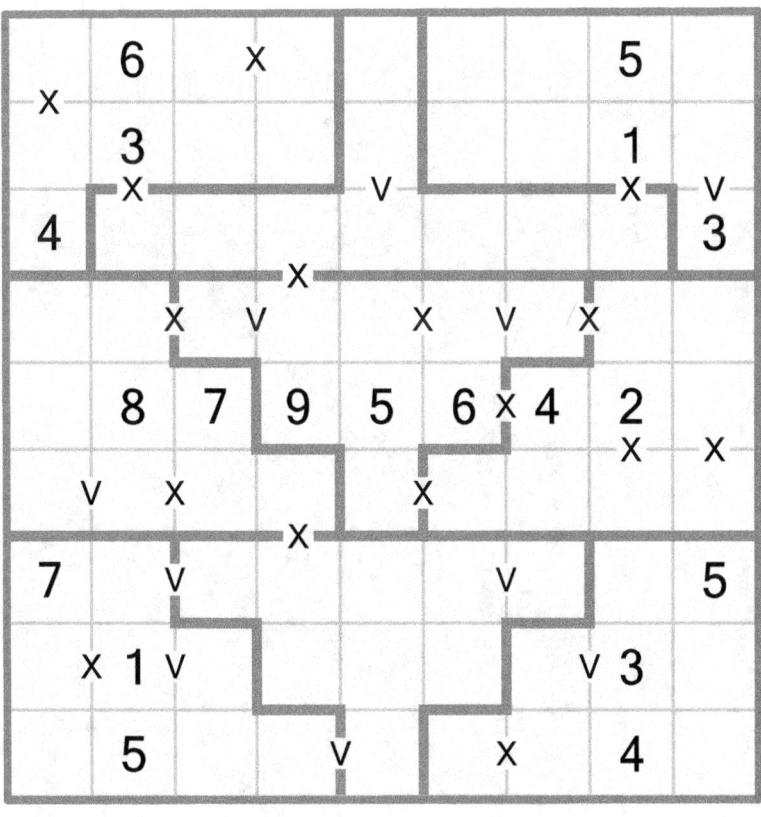

Puzzle-99: XV-Sudoku-Jigsaw with the additional constraint of center-dot Sudoku and the additional constraints of diagonal Sudoku.

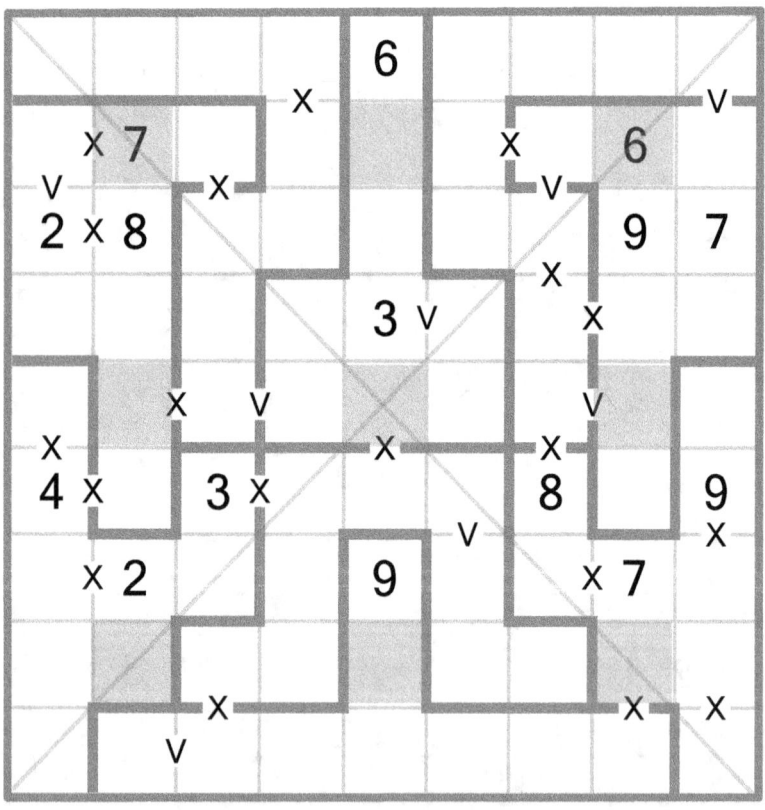

Puzzle-100 : XV-Sudoku with the additional constraints of anti-knight Sudoku and the additional constrains of anti-king Sudoku.

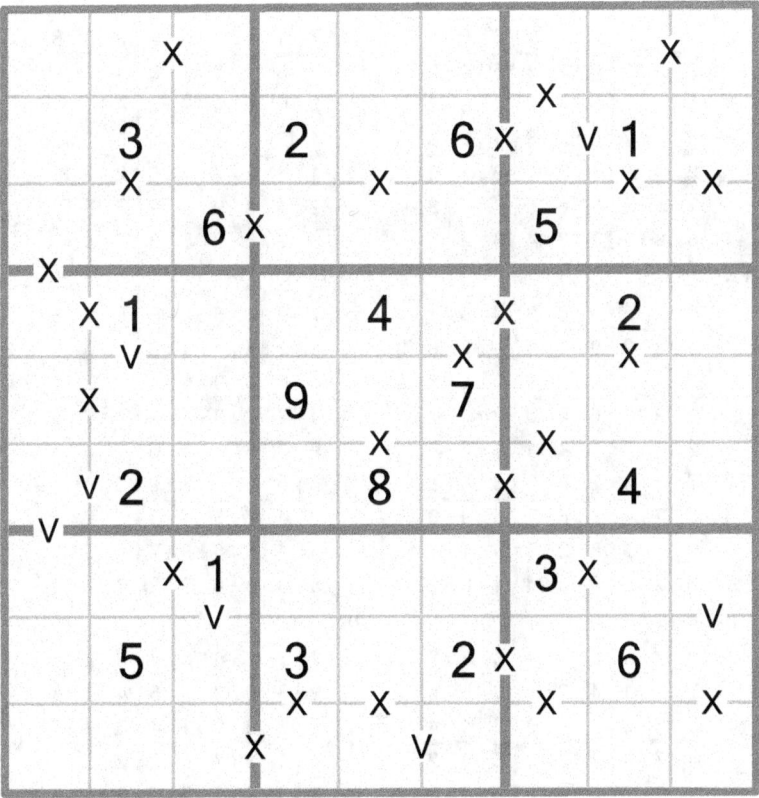

**Solutions:**

Puzzle-1.

| 7 | 3 | 1 | 8 | 9 | 6 | 5 | 2 | 4 |
|---|---|---|---|---|---|---|---|---|
| 2 | 8 | 5 | 1 | 7 | 4 | 9 | 3 | 6 |
| 6 | 9 | 4 | 5 | 3 | 2 | 7 | 8 | 1 |
| 9 | 1 | 7 | 2 | 8 | 3 | 6 | 4 | 5 |
| 3 | 5 | 2 | 4 | 6 | 7 | 1 | 9 | 8 |
| 8 | 4 | 6 | 9 | 1 | 5 | 3 | 7 | 2 |
| 5 | 2 | 3 | 7 | 4 | 1 | 8 | 6 | 9 |
| 1 | 7 | 8 | 6 | 2 | 9 | 4 | 5 | 3 |
| 4 | 6 | 9 | 3 | 5 | 8 | 2 | 1 | 7 |

Puzzle-2.

| 4 | 3 | 9 | 5 | 7 | 8 | 2 | 6 | 1 |
|---|---|---|---|---|---|---|---|---|
| 8 | 7 | 6 | 2 | 9 | 1 | 4 | 3 | 5 |
| 2 | 1 | 5 | 4 | 6 | 3 | 7 | 8 | 9 |
| 5 | 4 | 3 | 7 | 8 | 2 | 9 | 1 | 6 |
| 6 | 9 | 2 | 1 | 5 | 4 | 8 | 7 | 3 |
| 7 | 8 | 1 | 6 | 3 | 9 | 5 | 4 | 2 |
| 1 | 5 | 4 | 8 | 2 | 6 | 3 | 9 | 7 |
| 3 | 6 | 7 | 9 | 4 | 5 | 1 | 2 | 8 |
| 9 | 2 | 8 | 3 | 1 | 7 | 6 | 5 | 4 |

Puzzle-3.

| 3 | 6 | 5 | 4 | 1 | 7 | 8 | 9 | 2 |
|---|---|---|---|---|---|---|---|---|
| 1 | 2 | 9 | 8 | 5 | 6 | 7 | 3 | 4 |
| 8 | 7 | 4 | 3 | 9 | 2 | 6 | 5 | 1 |
| 9 | 8 | 2 | 6 | 7 | 1 | 5 | 4 | 3 |
| 5 | 1 | 6 | 9 | 4 | 3 | 2 | 8 | 7 |
| 4 | 3 | 7 | 5 | 2 | 8 | 1 | 6 | 9 |
| 2 | 4 | 8 | 1 | 3 | 5 | 9 | 7 | 6 |
| 7 | 5 | 3 | 2 | 6 | 9 | 4 | 1 | 8 |
| 6 | 9 | 1 | 7 | 8 | 4 | 3 | 2 | 5 |

Puzzle-4.

| 6 | 9 | 2 | 3 | 8 | 4 | 5 | 7 | 1 |
|---|---|---|---|---|---|---|---|---|
| 8 | 5 | 3 | 1 | 7 | 9 | 6 | 2 | 4 |
| 7 | 1 | 4 | 5 | 6 | 2 | 9 | 3 | 8 |
| 5 | 8 | 7 | 6 | 1 | 3 | 4 | 9 | 2 |
| 3 | 6 | 9 | 4 | 2 | 7 | 8 | 1 | 5 |
| 4 | 2 | 1 | 8 | 9 | 5 | 3 | 6 | 7 |
| 1 | 3 | 5 | 7 | 4 | 6 | 2 | 8 | 9 |
| 2 | 4 | 8 | 9 | 3 | 1 | 7 | 5 | 6 |
| 9 | 7 | 6 | 2 | 5 | 8 | 1 | 4 | 3 |

Puzzle-5.

| 9 | 3 | 6 | 4 | 8 | 2 | 7 | 5 | 1 |
|---|---|---|---|---|---|---|---|---|
| 1 | 8 | 2 | 9 | 7 | 5 | 4 | 3 | 6 |
| 5 | 4 | 7 | 3 | 1 | 6 | 9 | 2 | 8 |
| 4 | 9 | 3 | 6 | 5 | 8 | 2 | 1 | 7 |
| 2 | 5 | 8 | 7 | 4 | 1 | 3 | 6 | 9 |
| 7 | 6 | 1 | 2 | 9 | 3 | 8 | 4 | 5 |
| 8 | 2 | 4 | 1 | 6 | 7 | 5 | 9 | 3 |
| 3 | 1 | 5 | 8 | 2 | 9 | 6 | 7 | 4 |
| 6 | 7 | 9 | 5 | 3 | 4 | 1 | 8 | 2 |

Puzzle-6.

| 7 | 9 | 4 | 3 | 2 | 5 | 8 | 1 | 6 |
|---|---|---|---|---|---|---|---|---|
| 6 | 2 | 1 | 7 | 4 | 8 | 9 | 3 | 5 |
| 5 | 8 | 3 | 9 | 6 | 1 | 7 | 2 | 4 |
| 1 | 7 | 2 | 8 | 3 | 4 | 5 | 6 | 9 |
| 9 | 3 | 8 | 2 | 5 | 6 | 1 | 4 | 7 |
| 4 | 5 | 6 | 1 | 7 | 9 | 2 | 8 | 3 |
| 2 | 4 | 7 | 5 | 1 | 3 | 6 | 9 | 8 |
| 3 | 1 | 9 | 6 | 8 | 7 | 4 | 5 | 2 |
| 8 | 6 | 5 | 4 | 9 | 2 | 3 | 7 | 1 |

Puzzle-7.

| 9 | 2 | 4 | 5 | 6 | 1 | 8 | 7 | 3 |
|---|---|---|---|---|---|---|---|---|
| 7 | 3 | 1 | 4 | 2 | 8 | 9 | 5 | 6 |
| 8 | 5 | 6 | 7 | 9 | 3 | 2 | 1 | 4 |
| 4 | 7 | 8 | 1 | 3 | 9 | 5 | 6 | 2 |
| 5 | 1 | 9 | 2 | 7 | 6 | 3 | 4 | 8 |
| 2 | 6 | 3 | 8 | 4 | 5 | 1 | 9 | 7 |
| 6 | 8 | 7 | 9 | 5 | 2 | 4 | 3 | 1 |
| 1 | 4 | 5 | 3 | 8 | 7 | 6 | 2 | 9 |
| 3 | 9 | 2 | 6 | 1 | 4 | 7 | 8 | 5 |

Puzzle-8.

| 4 | 1 | 7 | 6 | 8 | 3 | 9 | 2 | 5 |
|---|---|---|---|---|---|---|---|---|
| 9 | 3 | 6 | 2 | 7 | 5 | 4 | 1 | 8 |
| 8 | 5 | 2 | 9 | 1 | 4 | 6 | 3 | 7 |
| 6 | 4 | 8 | 7 | 3 | 9 | 2 | 5 | 1 |
| 7 | 9 | 1 | 8 | 5 | 2 | 3 | 6 | 4 |
| 3 | 2 | 5 | 1 | 4 | 6 | 8 | 7 | 9 |
| 2 | 6 | 4 | 5 | 9 | 1 | 7 | 8 | 3 |
| 1 | 8 | 9 | 3 | 6 | 7 | 5 | 4 | 2 |
| 5 | 7 | 3 | 4 | 2 | 8 | 1 | 9 | 6 |

## Puzzle-9.

| 3 | 5 | 8 | 4 | 9 | 6 | 2 | 1 | 7 |
|---|---|---|---|---|---|---|---|---|
| 6 | 1 | 9 | 8 | 2 | 7 | 3 | 5 | 4 |
| 4 | 2 | 7 | 5 | 3 | 1 | 8 | 9 | 6 |
| 8 | 9 | 4 | 6 | 5 | 2 | 1 | 7 | 3 |
| 2 | 7 | 3 | 9 | 1 | 4 | 6 | 8 | 5 |
| 5 | 6 | 1 | 3 | 7 | 8 | 9 | 4 | 2 |
| 9 | 4 | 5 | 2 | 8 | 3 | 7 | 6 | 1 |
| 1 | 3 | 6 | 7 | 4 | 9 | 5 | 2 | 8 |
| 7 | 8 | 2 | 1 | 6 | 5 | 4 | 3 | 9 |

## Puzzle-10.

| 1 | 5 | 9 | 8 | 3 | 6 | 2 | 4 | 7 |
|---|---|---|---|---|---|---|---|---|
| 7 | 2 | 3 | 9 | 4 | 5 | 1 | 6 | 8 |
| 6 | 8 | 4 | 1 | 2 | 7 | 5 | 3 | 9 |
| 8 | 9 | 7 | 6 | 5 | 3 | 4 | 1 | 2 |
| 2 | 4 | 5 | 7 | 8 | 1 | 3 | 9 | 6 |
| 3 | 6 | 1 | 4 | 9 | 2 | 8 | 7 | 5 |
| 9 | 7 | 8 | 2 | 1 | 4 | 6 | 5 | 3 |
| 4 | 3 | 6 | 5 | 7 | 8 | 9 | 2 | 1 |
| 5 | 1 | 2 | 3 | 6 | 9 | 7 | 8 | 4 |

## Puzzle-11.

| 4 | 8 | 5 | 6 | 7 | 1 | 3 | 9 | 2 |
|---|---|---|---|---|---|---|---|---|
| 7 | 9 | 3 | 4 | 2 | 5 | 6 | 8 | 1 |
| 2 | 6 | 1 | 8 | 9 | 3 | 5 | 4 | 7 |
| 6 | 7 | 4 | 2 | 5 | 8 | 9 | 1 | 3 |
| 3 | 5 | 8 | 9 | 1 | 7 | 2 | 6 | 4 |
| 9 | 1 | 2 | 3 | 6 | 4 | 7 | 5 | 8 |
| 8 | 4 | 9 | 7 | 3 | 6 | 1 | 2 | 5 |
| 5 | 3 | 6 | 1 | 4 | 2 | 8 | 7 | 9 |
| 1 | 2 | 7 | 5 | 8 | 9 | 4 | 3 | 6 |

## Puzzle-12.

| 9 | 6 | 1 | 4 | 3 | 7 | 5 | 8 | 2 |
|---|---|---|---|---|---|---|---|---|
| 7 | 3 | 5 | 8 | 2 | 6 | 4 | 1 | 9 |
| 2 | 4 | 8 | 5 | 1 | 9 | 6 | 7 | 3 |
| 5 | 1 | 3 | 6 | 7 | 8 | 9 | 2 | 4 |
| 8 | 9 | 6 | 3 | 4 | 2 | 1 | 5 | 7 |
| 4 | 2 | 7 | 1 | 9 | 5 | 8 | 3 | 6 |
| 1 | 5 | 4 | 2 | 6 | 3 | 7 | 9 | 8 |
| 3 | 8 | 9 | 7 | 5 | 4 | 2 | 6 | 1 |
| 6 | 7 | 2 | 9 | 8 | 1 | 3 | 4 | 5 |

## Puzzle-13.

| 5 | 4 | 2 | 1 | 8 | 6 | 9 | 7 | 3 |
|---|---|---|---|---|---|---|---|---|
| 9 | 8 | 7 | 3 | 4 | 5 | 6 | 1 | 2 |
| 3 | 6 | 1 | 7 | 2 | 9 | 4 | 5 | 8 |
| 1 | 9 | 3 | 5 | 6 | 2 | 7 | 8 | 4 |
| 4 | 2 | 5 | 8 | 9 | 7 | 3 | 6 | 1 |
| 8 | 7 | 6 | 4 | 3 | 1 | 5 | 2 | 9 |
| 2 | 1 | 9 | 6 | 7 | 3 | 8 | 4 | 5 |
| 7 | 5 | 4 | 9 | 1 | 8 | 2 | 3 | 6 |
| 6 | 3 | 8 | 2 | 5 | 4 | 1 | 9 | 7 |

## Puzzle-14.

| 3 | 6 | 1 | 7 | 4 | 8 | 5 | 2 | 9 |
|---|---|---|---|---|---|---|---|---|
| 5 | 4 | 7 | 1 | 2 | 9 | 6 | 8 | 3 |
| 2 | 8 | 9 | 6 | 5 | 3 | 4 | 1 | 7 |
| 7 | 5 | 2 | 3 | 1 | 4 | 8 | 9 | 6 |
| 1 | 9 | 8 | 5 | 6 | 7 | 3 | 4 | 2 |
| 6 | 3 | 4 | 9 | 8 | 2 | 7 | 5 | 1 |
| 8 | 7 | 5 | 2 | 3 | 1 | 9 | 6 | 4 |
| 9 | 1 | 6 | 4 | 7 | 5 | 2 | 3 | 8 |
| 4 | 2 | 3 | 8 | 9 | 6 | 1 | 7 | 5 |

## Puzzle-15.

| 6 | 4 | 5 | 9 | 2 | 3 | 7 | 8 | 1 |
|---|---|---|---|---|---|---|---|---|
| 1 | 9 | 3 | 8 | 7 | 5 | 2 | 4 | 6 |
| 7 | 8 | 2 | 4 | 1 | 6 | 9 | 3 | 5 |
| 4 | 2 | 8 | 6 | 9 | 1 | 5 | 7 | 3 |
| 9 | 3 | 1 | 7 | 5 | 4 | 8 | 6 | 2 |
| 5 | 7 | 6 | 2 | 3 | 8 | 4 | 1 | 9 |
| 8 | 5 | 4 | 3 | 6 | 2 | 1 | 9 | 7 |
| 2 | 6 | 9 | 1 | 8 | 7 | 3 | 5 | 4 |
| 3 | 1 | 7 | 5 | 4 | 9 | 6 | 2 | 8 |

## Puzzle-16.

| 9 | 8 | 3 | 4 | 2 | 6 | 1 | 5 | 7 |
|---|---|---|---|---|---|---|---|---|
| 4 | 1 | 6 | 9 | 5 | 7 | 3 | 2 | 8 |
| 5 | 7 | 2 | 3 | 1 | 8 | 9 | 4 | 6 |
| 3 | 5 | 4 | 6 | 8 | 9 | 2 | 7 | 1 |
| 1 | 2 | 9 | 5 | 7 | 4 | 8 | 6 | 3 |
| 8 | 6 | 7 | 2 | 3 | 1 | 4 | 9 | 5 |
| 7 | 9 | 1 | 8 | 4 | 5 | 6 | 3 | 2 |
| 2 | 4 | 5 | 1 | 6 | 3 | 7 | 8 | 9 |
| 6 | 3 | 8 | 7 | 9 | 2 | 5 | 1 | 4 |

## Puzzle-17.

| 8 | 6 | 1 | 2 | 7 | 9 | 5 | 4 | 3 |
|---|---|---|---|---|---|---|---|---|
| 2 | 3 | 7 | 6 | 4 | 5 | 8 | 9 | 1 |
| 5 | 9 | 4 | 1 | 8 | 3 | 6 | 7 | 2 |
| 1 | 5 | 3 | 8 | 6 | 7 | 4 | 2 | 9 |
| 6 | 2 | 8 | 3 | 9 | 4 | 7 | 1 | 5 |
| 4 | 7 | 9 | 5 | 2 | 1 | 3 | 8 | 6 |
| 3 | 1 | 2 | 7 | 5 | 8 | 9 | 6 | 4 |
| 7 | 4 | 5 | 9 | 1 | 6 | 2 | 3 | 8 |
| 9 | 8 | 6 | 4 | 3 | 2 | 1 | 5 | 7 |

## Puzzle-18.

| 7 | 3 | 8 | 6 | 4 | 9 | 5 | 2 | 1 |
|---|---|---|---|---|---|---|---|---|
| 4 | 5 | 1 | 7 | 2 | 3 | 6 | 8 | 9 |
| 6 | 2 | 9 | 5 | 8 | 1 | 3 | 7 | 4 |
| 3 | 6 | 7 | 8 | 1 | 2 | 9 | 4 | 5 |
| 9 | 8 | 2 | 3 | 5 | 4 | 7 | 1 | 6 |
| 5 | 1 | 4 | 9 | 6 | 7 | 8 | 3 | 2 |
| 2 | 7 | 3 | 1 | 9 | 5 | 4 | 6 | 8 |
| 1 | 9 | 6 | 4 | 3 | 8 | 2 | 5 | 7 |
| 8 | 4 | 5 | 2 | 7 | 6 | 1 | 9 | 3 |

## Puzzle-19.

| 5 | 6 | 2 | 1 | 8 | 4 | 9 | 7 | 3 |
|---|---|---|---|---|---|---|---|---|
| 8 | 7 | 4 | 6 | 9 | 3 | 1 | 2 | 5 |
| 3 | 9 | 1 | 5 | 7 | 2 | 4 | 8 | 6 |
| 1 | 4 | 8 | 7 | 2 | 6 | 5 | 3 | 9 |
| 9 | 3 | 5 | 8 | 4 | 1 | 7 | 6 | 2 |
| 6 | 2 | 7 | 9 | 3 | 5 | 8 | 4 | 1 |
| 7 | 1 | 9 | 3 | 6 | 8 | 2 | 5 | 4 |
| 4 | 8 | 6 | 2 | 5 | 9 | 3 | 1 | 7 |
| 2 | 5 | 3 | 4 | 1 | 7 | 6 | 9 | 8 |

## Puzzle-20.

| 3 | 2 | 8 | 9 | 7 | 4 | 6 | 1 | 5 |
|---|---|---|---|---|---|---|---|---|
| 1 | 5 | 7 | 8 | 2 | 6 | 9 | 3 | 4 |
| 6 | 4 | 9 | 3 | 1 | 5 | 8 | 7 | 2 |
| 9 | 6 | 3 | 4 | 8 | 2 | 1 | 5 | 7 |
| 8 | 1 | 4 | 7 | 5 | 3 | 2 | 9 | 6 |
| 2 | 7 | 5 | 6 | 9 | 1 | 3 | 4 | 8 |
| 7 | 9 | 2 | 5 | 3 | 8 | 4 | 6 | 1 |
| 5 | 8 | 6 | 1 | 4 | 9 | 7 | 2 | 3 |
| 4 | 3 | 1 | 2 | 6 | 7 | 5 | 8 | 9 |

## Puzzle-21.

| 7 | 9 | 8 | 1 | 4 | 5 | 6 | 2 | 3 |
|---|---|---|---|---|---|---|---|---|
| 1 | 2 | 5 | 9 | 3 | 6 | 4 | 7 | 8 |
| 3 | 6 | 4 | 2 | 8 | 7 | 9 | 1 | 5 |
| 6 | 7 | 9 | 5 | 1 | 3 | 2 | 8 | 4 |
| 2 | 4 | 1 | 7 | 9 | 8 | 5 | 3 | 6 |
| 5 | 8 | 3 | 6 | 2 | 4 | 7 | 9 | 1 |
| 4 | 1 | 6 | 8 | 7 | 9 | 3 | 5 | 2 |
| 9 | 5 | 2 | 3 | 6 | 1 | 8 | 4 | 7 |
| 8 | 3 | 7 | 4 | 5 | 2 | 1 | 6 | 9 |

## Puzzle-22.

| 2 | 1 | 3 | 9 | 7 | 4 | 5 | 6 | 8 |
|---|---|---|---|---|---|---|---|---|
| 8 | 5 | 6 | 3 | 1 | 2 | 7 | 9 | 4 |
| 7 | 4 | 9 | 5 | 6 | 8 | 2 | 1 | 3 |
| 5 | 2 | 4 | 6 | 3 | 9 | 8 | 7 | 1 |
| 9 | 6 | 8 | 7 | 2 | 1 | 3 | 4 | 5 |
| 3 | 7 | 1 | 4 | 8 | 5 | 9 | 2 | 6 |
| 6 | 3 | 5 | 1 | 9 | 7 | 4 | 8 | 2 |
| 1 | 9 | 2 | 8 | 4 | 3 | 6 | 5 | 7 |
| 4 | 8 | 7 | 2 | 5 | 6 | 1 | 3 | 9 |

## Puzzle-23.

| 3 | 4 | 5 | 8 | 9 | 1 | 7 | 6 | 2 |
|---|---|---|---|---|---|---|---|---|
| 6 | 1 | 8 | 2 | 7 | 3 | 4 | 5 | 9 |
| 2 | 7 | 9 | 4 | 6 | 5 | 3 | 8 | 1 |
| 8 | 9 | 7 | 3 | 1 | 2 | 6 | 4 | 5 |
| 4 | 3 | 1 | 9 | 5 | 6 | 8 | 2 | 7 |
| 5 | 2 | 6 | 7 | 4 | 8 | 9 | 1 | 3 |
| 7 | 8 | 4 | 1 | 2 | 9 | 5 | 3 | 6 |
| 9 | 6 | 2 | 5 | 3 | 4 | 1 | 7 | 8 |
| 1 | 5 | 3 | 6 | 8 | 7 | 2 | 9 | 4 |

## Puzzle-24.

| 5 | 8 | 3 | 1 | 2 | 9 | 7 | 6 | 4 |
|---|---|---|---|---|---|---|---|---|
| 4 | 6 | 2 | 3 | 7 | 5 | 1 | 8 | 9 |
| 1 | 7 | 9 | 8 | 6 | 4 | 5 | 3 | 2 |
| 3 | 1 | 6 | 5 | 4 | 2 | 8 | 9 | 7 |
| 2 | 5 | 8 | 7 | 9 | 3 | 6 | 4 | 1 |
| 7 | 9 | 4 | 6 | 8 | 1 | 2 | 5 | 3 |
| 6 | 3 | 1 | 9 | 5 | 7 | 4 | 2 | 8 |
| 8 | 2 | 7 | 4 | 3 | 6 | 9 | 1 | 5 |
| 9 | 4 | 5 | 2 | 1 | 8 | 3 | 7 | 6 |

## Puzzle-25.

| 4 | 8 | 7 | 5 | 9 | 1 | 3 | 6 | 2 |
|---|---|---|---|---|---|---|---|---|
| 3 | 1 | 5 | 7 | 2 | 6 | 4 | 9 | 8 |
| 9 | 6 | 2 | 3 | 4 | 8 | 5 | 1 | 7 |
| 2 | 4 | 1 | 8 | 6 | 5 | 7 | 3 | 9 |
| 7 | 5 | 9 | 4 | 3 | 2 | 1 | 8 | 6 |
| 8 | 3 | 6 | 1 | 7 | 9 | 2 | 5 | 4 |
| 5 | 7 | 3 | 9 | 8 | 4 | 6 | 2 | 1 |
| 1 | 2 | 8 | 6 | 5 | 7 | 9 | 4 | 3 |
| 6 | 9 | 4 | 2 | 1 | 3 | 8 | 7 | 5 |

## Puzzle-26.

| 4 | 6 | 1 | 8 | 9 | 3 | 5 | 7 | 2 |
|---|---|---|---|---|---|---|---|---|
| 9 | 3 | 5 | 6 | 2 | 7 | 8 | 1 | 4 |
| 7 | 2 | 8 | 5 | 1 | 4 | 6 | 3 | 9 |
| 5 | 4 | 7 | 1 | 6 | 2 | 9 | 8 | 3 |
| 8 | 9 | 3 | 7 | 4 | 5 | 1 | 2 | 6 |
| 6 | 1 | 2 | 3 | 8 | 9 | 7 | 4 | 5 |
| 1 | 8 | 9 | 2 | 3 | 6 | 4 | 5 | 7 |
| 2 | 5 | 4 | 9 | 7 | 1 | 3 | 6 | 8 |
| 3 | 7 | 6 | 4 | 5 | 8 | 2 | 9 | 1 |

## Puzzle-27.

| 3 | 8 | 5 | 2 | 9 | 7 | 1 | 4 | 6 |
|---|---|---|---|---|---|---|---|---|
| 1 | 4 | 6 | 8 | 5 | 3 | 2 | 9 | 7 |
| 7 | 2 | 9 | 1 | 6 | 4 | 5 | 8 | 3 |
| 8 | 1 | 3 | 5 | 7 | 6 | 4 | 2 | 9 |
| 2 | 5 | 7 | 4 | 1 | 9 | 3 | 6 | 8 |
| 6 | 9 | 4 | 3 | 8 | 2 | 7 | 5 | 1 |
| 4 | 3 | 8 | 9 | 2 | 1 | 6 | 7 | 5 |
| 5 | 7 | 2 | 6 | 3 | 8 | 9 | 1 | 4 |
| 9 | 6 | 1 | 7 | 4 | 5 | 8 | 3 | 2 |

## Puzzle-28.

| 5 | 3 | 7 | 8 | 4 | 6 | 1 | 2 | 9 |
|---|---|---|---|---|---|---|---|---|
| 8 | 6 | 9 | 2 | 3 | 1 | 4 | 5 | 7 |
| 2 | 1 | 4 | 9 | 7 | 5 | 8 | 6 | 3 |
| 1 | 2 | 5 | 7 | 8 | 4 | 9 | 3 | 6 |
| 9 | 8 | 6 | 3 | 1 | 2 | 7 | 4 | 5 |
| 4 | 7 | 3 | 5 | 6 | 9 | 2 | 8 | 1 |
| 3 | 5 | 8 | 1 | 2 | 7 | 6 | 9 | 4 |
| 6 | 9 | 1 | 4 | 5 | 8 | 3 | 7 | 2 |
| 7 | 4 | 2 | 6 | 9 | 3 | 5 | 1 | 8 |

## Puzzle-29.

| 3 | 7 | 1 | 5 | 4 | 9 | 8 | 6 | 2 |
|---|---|---|---|---|---|---|---|---|
| 8 | 2 | 4 | 3 | 6 | 7 | 5 | 1 | 9 |
| 6 | 9 | 5 | 1 | 2 | 8 | 3 | 7 | 4 |
| 5 | 6 | 9 | 2 | 3 | 4 | 1 | 8 | 7 |
| 4 | 8 | 3 | 7 | 9 | 1 | 6 | 2 | 5 |
| 2 | 1 | 7 | 8 | 5 | 6 | 4 | 9 | 3 |
| 9 | 4 | 8 | 6 | 7 | 3 | 2 | 5 | 1 |
| 7 | 5 | 6 | 4 | 1 | 2 | 9 | 3 | 8 |
| 1 | 3 | 2 | 9 | 8 | 5 | 7 | 4 | 6 |

## Puzzle-30.

| 3 | 6 | 7 | 2 | 4 | 1 | 8 | 5 | 9 |
|---|---|---|---|---|---|---|---|---|
| 4 | 2 | 9 | 5 | 8 | 7 | 3 | 1 | 6 |
| 5 | 8 | 1 | 6 | 3 | 9 | 4 | 2 | 7 |
| 8 | 3 | 5 | 7 | 1 | 6 | 2 | 9 | 4 |
| 6 | 1 | 4 | 3 | 9 | 2 | 7 | 8 | 5 |
| 7 | 9 | 2 | 4 | 5 | 8 | 1 | 6 | 3 |
| 2 | 5 | 6 | 1 | 7 | 4 | 9 | 3 | 8 |
| 1 | 7 | 8 | 9 | 6 | 3 | 5 | 4 | 2 |
| 9 | 4 | 3 | 8 | 2 | 5 | 6 | 7 | 1 |

## Puzzle-31.

| 2 | 7 | 5 | 8 | 9 | 1 | 6 | 4 | 3 |
|---|---|---|---|---|---|---|---|---|
| 6 | 3 | 4 | 5 | 2 | 7 | 8 | 9 | 1 |
| 8 | 1 | 9 | 6 | 3 | 4 | 5 | 2 | 7 |
| 5 | 2 | 3 | 9 | 1 | 8 | 7 | 6 | 4 |
| 7 | 8 | 1 | 2 | 4 | 6 | 9 | 3 | 5 |
| 9 | 4 | 6 | 7 | 5 | 3 | 2 | 1 | 8 |
| 1 | 5 | 2 | 3 | 7 | 9 | 4 | 8 | 6 |
| 4 | 9 | 8 | 1 | 6 | 5 | 3 | 7 | 2 |
| 3 | 6 | 7 | 4 | 8 | 2 | 1 | 5 | 9 |

## Puzzle-32.

| 1 | 6 | 7 | 9 | 5 | 4 | 8 | 2 | 3 |
|---|---|---|---|---|---|---|---|---|
| 9 | 5 | 8 | 3 | 2 | 1 | 4 | 6 | 7 |
| 3 | 4 | 2 | 6 | 7 | 8 | 1 | 5 | 9 |
| 4 | 8 | 1 | 7 | 9 | 5 | 6 | 3 | 2 |
| 6 | 3 | 9 | 4 | 8 | 2 | 7 | 1 | 5 |
| 7 | 2 | 5 | 1 | 3 | 6 | 9 | 8 | 4 |
| 8 | 9 | 4 | 5 | 6 | 3 | 2 | 7 | 1 |
| 5 | 7 | 6 | 2 | 1 | 9 | 3 | 4 | 8 |
| 2 | 1 | 3 | 8 | 4 | 7 | 5 | 9 | 6 |

**Puzzle-33.**

| 6 | 4 | 2 | 8 | 3 | 1 | 9 | 5 | 7 |
|---|---|---|---|---|---|---|---|---|
| 7 | 9 | 3 | 6 | 4 | 5 | 8 | 1 | 2 |
| 8 | 1 | 5 | 2 | 9 | 7 | 6 | 4 | 3 |
| 5 | 2 | 9 | 1 | 6 | 4 | 3 | 7 | 8 |
| 1 | 3 | 8 | 7 | 2 | 9 | 5 | 6 | 4 |
| 4 | 7 | 6 | 5 | 8 | 3 | 1 | 2 | 9 |
| 2 | 8 | 4 | 9 | 5 | 6 | 7 | 3 | 1 |
| 3 | 6 | 1 | 4 | 7 | 8 | 2 | 9 | 5 |
| 9 | 5 | 7 | 3 | 1 | 2 | 4 | 8 | 6 |

**Puzzle-34.**

| 2 | 3 | 7 | 5 | 1 | 9 | 4 | 6 | 8 |
|---|---|---|---|---|---|---|---|---|
| 4 | 1 | 5 | 6 | 3 | 8 | 2 | 9 | 7 |
| 6 | 8 | 9 | 7 | 2 | 4 | 3 | 5 | 1 |
| 7 | 5 | 2 | 9 | 8 | 3 | 1 | 4 | 6 |
| 1 | 9 | 4 | 2 | 6 | 7 | 8 | 3 | 5 |
| 3 | 6 | 8 | 1 | 4 | 5 | 9 | 7 | 2 |
| 5 | 2 | 3 | 8 | 9 | 6 | 7 | 1 | 4 |
| 9 | 7 | 1 | 4 | 5 | 2 | 6 | 8 | 3 |
| 8 | 4 | 6 | 3 | 7 | 1 | 5 | 2 | 9 |

**Puzzle-35.**

| 9 | 3 | 6 | 5 | 8 | 2 | 1 | 7 | 4 |
|---|---|---|---|---|---|---|---|---|
| 4 | 8 | 7 | 1 | 3 | 6 | 2 | 5 | 9 |
| 2 | 5 | 1 | 7 | 9 | 4 | 8 | 6 | 3 |
| 5 | 1 | 2 | 4 | 7 | 9 | 3 | 8 | 6 |
| 8 | 7 | 4 | 6 | 1 | 3 | 9 | 2 | 5 |
| 6 | 9 | 3 | 8 | 2 | 5 | 7 | 4 | 1 |
| 7 | 6 | 8 | 9 | 4 | 1 | 5 | 3 | 2 |
| 1 | 2 | 5 | 3 | 6 | 7 | 4 | 9 | 8 |
| 3 | 4 | 9 | 2 | 5 | 8 | 6 | 1 | 7 |

**Puzzle-36.**

| 9 | 4 | 2 | 1 | 3 | 5 | 8 | 6 | 7 |
|---|---|---|---|---|---|---|---|---|
| 6 | 1 | 8 | 9 | 7 | 2 | 5 | 3 | 4 |
| 5 | 7 | 3 | 4 | 8 | 6 | 1 | 9 | 2 |
| 3 | 5 | 6 | 8 | 1 | 4 | 7 | 2 | 9 |
| 1 | 9 | 7 | 5 | 2 | 3 | 4 | 8 | 6 |
| 8 | 2 | 4 | 6 | 9 | 7 | 3 | 5 | 1 |
| 7 | 6 | 5 | 3 | 4 | 9 | 2 | 1 | 8 |
| 2 | 3 | 1 | 7 | 6 | 8 | 9 | 4 | 5 |
| 4 | 8 | 9 | 2 | 5 | 1 | 6 | 7 | 3 |

**Puzzle-37.**

| 6 | 4 | 1 | 9 | 2 | 8 | 3 | 5 | 7 |
|---|---|---|---|---|---|---|---|---|
| 7 | 9 | 3 | 6 | 5 | 4 | 2 | 1 | 8 |
| 2 | 8 | 5 | 3 | 1 | 7 | 9 | 4 | 6 |
| 9 | 1 | 6 | 5 | 8 | 3 | 7 | 2 | 4 |
| 3 | 5 | 2 | 4 | 7 | 6 | 8 | 9 | 1 |
| 8 | 7 | 4 | 1 | 9 | 2 | 6 | 3 | 5 |
| 1 | 3 | 9 | 7 | 6 | 5 | 4 | 8 | 2 |
| 5 | 6 | 8 | 2 | 4 | 9 | 1 | 7 | 3 |
| 4 | 2 | 7 | 8 | 3 | 1 | 5 | 6 | 9 |

**Puzzle-38.**

| 4 | 7 | 5 | 6 | 2 | 3 | 8 | 1 | 9 |
|---|---|---|---|---|---|---|---|---|
| 9 | 8 | 2 | 5 | 1 | 4 | 6 | 7 | 3 |
| 3 | 1 | 6 | 8 | 9 | 7 | 4 | 2 | 5 |
| 5 | 6 | 4 | 3 | 8 | 1 | 7 | 9 | 2 |
| 8 | 9 | 1 | 7 | 6 | 2 | 5 | 3 | 4 |
| 7 | 2 | 3 | 4 | 5 | 9 | 1 | 8 | 6 |
| 1 | 4 | 8 | 9 | 3 | 5 | 2 | 6 | 7 |
| 2 | 3 | 7 | 1 | 4 | 6 | 9 | 5 | 8 |
| 6 | 5 | 9 | 2 | 7 | 8 | 3 | 4 | 1 |

**Puzzle-39.**

| 1 | 5 | 2 | 6 | 4 | 9 | 3 | 7 | 8 |
|---|---|---|---|---|---|---|---|---|
| 3 | 9 | 8 | 7 | 1 | 2 | 5 | 6 | 4 |
| 6 | 4 | 7 | 3 | 8 | 5 | 1 | 2 | 9 |
| 7 | 2 | 6 | 5 | 9 | 3 | 4 | 8 | 1 |
| 9 | 3 | 4 | 8 | 2 | 1 | 7 | 5 | 6 |
| 5 | 8 | 1 | 4 | 7 | 6 | 9 | 3 | 2 |
| 8 | 6 | 5 | 1 | 3 | 4 | 2 | 9 | 7 |
| 2 | 1 | 3 | 9 | 6 | 7 | 8 | 4 | 5 |
| 4 | 7 | 9 | 2 | 5 | 8 | 6 | 1 | 3 |

**Puzzle-40.**

| 4 | 1 | 6 | 9 | 3 | 8 | 2 | 5 | 7 |
|---|---|---|---|---|---|---|---|---|
| 8 | 5 | 7 | 2 | 4 | 6 | 3 | 9 | 1 |
| 2 | 3 | 9 | 5 | 1 | 7 | 4 | 8 | 6 |
| 1 | 8 | 4 | 7 | 5 | 2 | 6 | 3 | 9 |
| 9 | 2 | 5 | 3 | 6 | 1 | 8 | 7 | 4 |
| 7 | 6 | 3 | 4 | 8 | 9 | 1 | 2 | 5 |
| 5 | 9 | 8 | 6 | 2 | 4 | 7 | 1 | 3 |
| 6 | 7 | 2 | 1 | 9 | 3 | 5 | 4 | 8 |
| 3 | 4 | 1 | 8 | 7 | 5 | 9 | 6 | 2 |

## Puzzle-41.

| 4 | 2 | 9 | 1 | 7 | 5 | 6 | 3 | 8 |
|---|---|---|---|---|---|---|---|---|
| 8 | 5 | 3 | 9 | 6 | 4 | 7 | 1 | 2 |
| 6 | 1 | 7 | 2 | 3 | 8 | 5 | 4 | 9 |
| 9 | 6 | 5 | 4 | 8 | 1 | 3 | 2 | 7 |
| 1 | 4 | 8 | 3 | 2 | 7 | 9 | 6 | 5 |
| 3 | 7 | 2 | 6 | 5 | 9 | 1 | 8 | 4 |
| 5 | 9 | 6 | 8 | 4 | 3 | 2 | 7 | 1 |
| 7 | 3 | 4 | 5 | 1 | 2 | 8 | 9 | 6 |
| 2 | 8 | 1 | 7 | 9 | 6 | 4 | 5 | 3 |

## Puzzle-42.

| 4 | 5 | 9 | 2 | 6 | 8 | 1 | 3 | 7 |
|---|---|---|---|---|---|---|---|---|
| 7 | 6 | 2 | 1 | 3 | 4 | 8 | 9 | 5 |
| 3 | 1 | 8 | 7 | 5 | 9 | 4 | 6 | 2 |
| 2 | 8 | 7 | 9 | 1 | 3 | 5 | 4 | 6 |
| 1 | 3 | 4 | 6 | 7 | 5 | 2 | 8 | 9 |
| 6 | 9 | 5 | 4 | 8 | 2 | 3 | 7 | 1 |
| 5 | 4 | 6 | 3 | 9 | 1 | 7 | 2 | 8 |
| 9 | 2 | 1 | 8 | 4 | 7 | 6 | 5 | 3 |
| 8 | 7 | 3 | 5 | 2 | 6 | 9 | 1 | 4 |

## Puzzle-43.

| 2 | 1 | 9 | 4 | 8 | 3 | 6 | 7 | 5 |
|---|---|---|---|---|---|---|---|---|
| 6 | 5 | 4 | 2 | 9 | 7 | 1 | 8 | 3 |
| 3 | 8 | 7 | 1 | 6 | 5 | 4 | 2 | 9 |
| 4 | 2 | 6 | 7 | 5 | 8 | 3 | 9 | 1 |
| 8 | 7 | 3 | 6 | 1 | 9 | 2 | 5 | 4 |
| 1 | 9 | 5 | 3 | 4 | 2 | 8 | 6 | 7 |
| 7 | 4 | 1 | 9 | 2 | 6 | 5 | 3 | 8 |
| 5 | 3 | 2 | 8 | 7 | 4 | 9 | 1 | 6 |
| 9 | 6 | 8 | 5 | 3 | 1 | 7 | 4 | 2 |

## Puzzle-44.

| 2 | 5 | 7 | 6 | 9 | 8 | 3 | 1 | 4 |
|---|---|---|---|---|---|---|---|---|
| 3 | 6 | 4 | 1 | 2 | 5 | 8 | 9 | 7 |
| 9 | 8 | 1 | 3 | 4 | 7 | 6 | 2 | 5 |
| 6 | 2 | 3 | 7 | 5 | 1 | 9 | 4 | 8 |
| 8 | 4 | 9 | 2 | 6 | 3 | 7 | 5 | 1 |
| 1 | 7 | 5 | 9 | 8 | 4 | 2 | 3 | 6 |
| 4 | 1 | 6 | 8 | 3 | 9 | 5 | 7 | 2 |
| 5 | 3 | 2 | 4 | 7 | 6 | 1 | 8 | 9 |
| 7 | 9 | 8 | 5 | 1 | 2 | 4 | 6 | 3 |

## Puzzle-45.

| 7 | 6 | 5 | 9 | 1 | 8 | 3 | 2 | 4 |
|---|---|---|---|---|---|---|---|---|
| 3 | 9 | 8 | 2 | 6 | 4 | 5 | 7 | 1 |
| 1 | 4 | 2 | 5 | 3 | 7 | 8 | 9 | 6 |
| 5 | 7 | 3 | 6 | 2 | 9 | 1 | 4 | 8 |
| 8 | 1 | 6 | 7 | 4 | 3 | 2 | 5 | 9 |
| 9 | 2 | 4 | 8 | 5 | 1 | 6 | 3 | 7 |
| 2 | 5 | 7 | 1 | 9 | 6 | 4 | 8 | 3 |
| 4 | 8 | 1 | 3 | 7 | 5 | 9 | 6 | 2 |
| 6 | 3 | 9 | 4 | 8 | 2 | 7 | 1 | 5 |

## Puzzle-46.

| 6 | 4 | 9 | 5 | 8 | 1 | 2 | 7 | 3 |
|---|---|---|---|---|---|---|---|---|
| 1 | 8 | 2 | 3 | 4 | 7 | 9 | 5 | 6 |
| 7 | 3 | 5 | 9 | 2 | 6 | 4 | 8 | 1 |
| 3 | 9 | 7 | 2 | 6 | 4 | 8 | 1 | 5 |
| 8 | 6 | 4 | 1 | 5 | 9 | 7 | 3 | 2 |
| 5 | 2 | 1 | 7 | 3 | 8 | 6 | 4 | 9 |
| 9 | 5 | 6 | 8 | 7 | 3 | 1 | 2 | 4 |
| 4 | 7 | 3 | 6 | 1 | 2 | 5 | 9 | 8 |
| 2 | 1 | 8 | 4 | 9 | 5 | 3 | 6 | 7 |

## Puzzle-47.

| 1 | 6 | 4 | 5 | 8 | 2 | 9 | 3 | 7 |
|---|---|---|---|---|---|---|---|---|
| 2 | 5 | 8 | 9 | 3 | 7 | 1 | 6 | 4 |
| 9 | 3 | 7 | 6 | 1 | 4 | 5 | 2 | 8 |
| 4 | 8 | 2 | 3 | 6 | 5 | 7 | 9 | 1 |
| 6 | 7 | 9 | 2 | 4 | 1 | 3 | 8 | 5 |
| 5 | 1 | 3 | 7 | 9 | 8 | 6 | 4 | 2 |
| 7 | 2 | 6 | 4 | 5 | 3 | 8 | 1 | 9 |
| 8 | 9 | 5 | 1 | 2 | 6 | 4 | 7 | 3 |
| 3 | 4 | 1 | 8 | 7 | 9 | 2 | 5 | 6 |

## Puzzle-48.

| 3 | 8 | 5 | 4 | 7 | 9 | 6 | 2 | 1 |
|---|---|---|---|---|---|---|---|---|
| 7 | 9 | 4 | 1 | 6 | 2 | 3 | 8 | 5 |
| 2 | 6 | 1 | 8 | 5 | 3 | 4 | 9 | 7 |
| 8 | 4 | 3 | 9 | 1 | 6 | 5 | 7 | 2 |
| 5 | 1 | 9 | 3 | 2 | 7 | 8 | 4 | 6 |
| 6 | 2 | 7 | 5 | 4 | 8 | 9 | 1 | 3 |
| 4 | 3 | 6 | 7 | 9 | 1 | 2 | 5 | 8 |
| 1 | 5 | 8 | 2 | 3 | 4 | 7 | 6 | 9 |
| 9 | 7 | 2 | 6 | 8 | 5 | 1 | 3 | 4 |

## Puzzle-49.

| 5 | 9 | 8 | 6 | 7 | 2 | 1 | 4 | 3 |
|---|---|---|---|---|---|---|---|---|
| 2 | 7 | 3 | 1 | 9 | 4 | 5 | 8 | 6 |
| 4 | 1 | 6 | 5 | 8 | 3 | 9 | 7 | 2 |
| 1 | 6 | 7 | 8 | 4 | 9 | 2 | 3 | 5 |
| 8 | 5 | 2 | 7 | 3 | 1 | 6 | 9 | 4 |
| 9 | 3 | 4 | 2 | 6 | 5 | 7 | 1 | 8 |
| 7 | 8 | 1 | 4 | 5 | 6 | 3 | 2 | 9 |
| 6 | 2 | 9 | 3 | 1 | 8 | 4 | 5 | 7 |
| 3 | 4 | 5 | 9 | 2 | 7 | 8 | 6 | 1 |

## Puzzle-50.

| 5 | 9 | 3 | 1 | 2 | 6 | 4 | 7 | 8 |
|---|---|---|---|---|---|---|---|---|
| 6 | 2 | 1 | 7 | 4 | 8 | 5 | 3 | 9 |
| 4 | 8 | 7 | 5 | 3 | 9 | 1 | 2 | 6 |
| 2 | 5 | 6 | 9 | 7 | 1 | 3 | 8 | 4 |
| 1 | 4 | 8 | 6 | 5 | 3 | 2 | 9 | 7 |
| 3 | 7 | 9 | 2 | 8 | 4 | 6 | 1 | 5 |
| 8 | 3 | 5 | 4 | 9 | 2 | 7 | 6 | 1 |
| 7 | 1 | 2 | 8 | 6 | 5 | 9 | 4 | 3 |
| 9 | 6 | 4 | 3 | 1 | 7 | 8 | 5 | 2 |

## Puzzle-51.

| 1 | 8 | 4 | 9 | 6 | 5 | 7 | 2 | 3 |
|---|---|---|---|---|---|---|---|---|
| 7 | 5 | 9 | 1 | 2 | 3 | 4 | 8 | 6 |
| 3 | 6 | 2 | 8 | 4 | 7 | 5 | 1 | 9 |
| 8 | 2 | 5 | 3 | 7 | 1 | 9 | 6 | 4 |
| 9 | 1 | 3 | 4 | 5 | 6 | 8 | 7 | 2 |
| 4 | 7 | 6 | 2 | 9 | 8 | 3 | 5 | 1 |
| 2 | 9 | 8 | 5 | 1 | 4 | 6 | 3 | 7 |
| 6 | 3 | 1 | 7 | 8 | 9 | 2 | 4 | 5 |
| 5 | 4 | 7 | 6 | 3 | 2 | 1 | 9 | 8 |

## Puzzle-52.

| 8 | 6 | 5 | 4 | 1 | 2 | 3 | 9 | 7 |
|---|---|---|---|---|---|---|---|---|
| 9 | 4 | 2 | 5 | 3 | 7 | 1 | 8 | 6 |
| 3 | 7 | 1 | 6 | 9 | 8 | 4 | 2 | 5 |
| 6 | 8 | 9 | 3 | 4 | 1 | 7 | 5 | 2 |
| 4 | 2 | 3 | 8 | 7 | 5 | 9 | 6 | 1 |
| 1 | 5 | 7 | 2 | 6 | 9 | 8 | 3 | 4 |
| 7 | 9 | 6 | 1 | 5 | 3 | 2 | 4 | 8 |
| 2 | 3 | 4 | 7 | 8 | 6 | 5 | 1 | 9 |
| 5 | 1 | 8 | 9 | 2 | 4 | 6 | 7 | 3 |

## Puzzle-53.

| 6 | 1 | 7 | 8 | 2 | 4 | 9 | 5 | 3 |
|---|---|---|---|---|---|---|---|---|
| 3 | 4 | 2 | 1 | 9 | 5 | 7 | 8 | 6 |
| 5 | 8 | 9 | 6 | 7 | 3 | 1 | 4 | 2 |
| 8 | 3 | 5 | 9 | 1 | 6 | 4 | 2 | 7 |
| 1 | 2 | 4 | 5 | 3 | 7 | 8 | 6 | 9 |
| 9 | 7 | 6 | 4 | 8 | 2 | 5 | 3 | 1 |
| 2 | 9 | 1 | 3 | 4 | 8 | 6 | 7 | 5 |
| 7 | 6 | 8 | 2 | 5 | 1 | 3 | 9 | 4 |
| 4 | 5 | 3 | 7 | 6 | 9 | 2 | 1 | 8 |

## Puzzle-54.

| 9 | 8 | 1 | 3 | 7 | 5 | 6 | 2 | 4 |
|---|---|---|---|---|---|---|---|---|
| 4 | 3 | 7 | 2 | 6 | 8 | 9 | 5 | 1 |
| 6 | 2 | 5 | 1 | 4 | 9 | 7 | 8 | 3 |
| 3 | 7 | 8 | 4 | 2 | 1 | 5 | 9 | 6 |
| 1 | 9 | 2 | 5 | 8 | 6 | 4 | 3 | 7 |
| 5 | 4 | 6 | 7 | 9 | 3 | 8 | 1 | 2 |
| 8 | 1 | 3 | 6 | 5 | 7 | 2 | 4 | 9 |
| 7 | 5 | 4 | 9 | 1 | 2 | 3 | 6 | 8 |
| 2 | 6 | 9 | 8 | 3 | 4 | 1 | 7 | 5 |

## Puzzle-55.

| 8 | 3 | 5 | 4 | 9 | 1 | 7 | 2 | 6 |
|---|---|---|---|---|---|---|---|---|
| 1 | 4 | 7 | 2 | 5 | 6 | 3 | 9 | 8 |
| 6 | 2 | 9 | 7 | 8 | 3 | 1 | 4 | 5 |
| 7 | 8 | 2 | 1 | 4 | 5 | 9 | 6 | 3 |
| 4 | 1 | 3 | 9 | 6 | 7 | 8 | 5 | 2 |
| 9 | 5 | 6 | 3 | 2 | 8 | 4 | 1 | 7 |
| 3 | 9 | 4 | 5 | 7 | 2 | 6 | 8 | 1 |
| 2 | 7 | 8 | 6 | 1 | 4 | 5 | 3 | 9 |
| 5 | 6 | 1 | 8 | 3 | 9 | 2 | 7 | 4 |

## Puzzle-56.

| 4 | 7 | 9 | 2 | 5 | 6 | 3 | 1 | 8 |
|---|---|---|---|---|---|---|---|---|
| 6 | 2 | 1 | 7 | 3 | 8 | 4 | 9 | 5 |
| 3 | 5 | 8 | 9 | 4 | 1 | 7 | 6 | 2 |
| 2 | 8 | 3 | 4 | 7 | 9 | 1 | 5 | 6 |
| 9 | 6 | 7 | 1 | 8 | 5 | 2 | 3 | 4 |
| 5 | 1 | 4 | 3 | 6 | 2 | 8 | 7 | 9 |
| 7 | 3 | 2 | 6 | 9 | 4 | 5 | 8 | 1 |
| 1 | 9 | 5 | 8 | 2 | 3 | 6 | 4 | 7 |
| 8 | 4 | 6 | 5 | 1 | 7 | 9 | 2 | 3 |

## Puzzle-57.

| 1 | 2 | 8 | 9 | 3 | 4 | 7 | 6 | 5 |
|---|---|---|---|---|---|---|---|---|
| 6 | 5 | 4 | 2 | 1 | 7 | 8 | 3 | 9 |
| 9 | 7 | 3 | 5 | 6 | 8 | 2 | 1 | 4 |
| 8 | 9 | 7 | 1 | 4 | 6 | 3 | 5 | 2 |
| 4 | 3 | 5 | 8 | 7 | 2 | 6 | 9 | 1 |
| 2 | 6 | 1 | 3 | 5 | 9 | 4 | 7 | 8 |
| 3 | 8 | 9 | 6 | 2 | 1 | 5 | 4 | 7 |
| 5 | 4 | 2 | 7 | 9 | 3 | 1 | 8 | 6 |
| 7 | 1 | 6 | 4 | 8 | 5 | 9 | 2 | 3 |

## Puzzle-58.

| 3 | 4 | 6 | 7 | 8 | 5 | 1 | 2 | 9 |
|---|---|---|---|---|---|---|---|---|
| 1 | 7 | 2 | 4 | 9 | 6 | 8 | 3 | 5 |
| 9 | 5 | 8 | 3 | 2 | 1 | 6 | 4 | 7 |
| 7 | 2 | 3 | 6 | 1 | 8 | 5 | 9 | 4 |
| 8 | 1 | 9 | 5 | 4 | 3 | 2 | 7 | 6 |
| 5 | 6 | 4 | 2 | 7 | 9 | 3 | 1 | 8 |
| 2 | 3 | 7 | 8 | 5 | 4 | 9 | 6 | 1 |
| 6 | 9 | 5 | 1 | 3 | 7 | 4 | 8 | 2 |
| 4 | 8 | 1 | 9 | 6 | 2 | 7 | 5 | 3 |

## Puzzle-59.

| 1 | 6 | 9 | 3 | 8 | 2 | 4 | 7 | 5 |
|---|---|---|---|---|---|---|---|---|
| 8 | 5 | 3 | 7 | 9 | 4 | 6 | 1 | 2 |
| 7 | 4 | 2 | 1 | 6 | 5 | 9 | 3 | 8 |
| 3 | 1 | 8 | 5 | 7 | 6 | 2 | 4 | 9 |
| 6 | 7 | 4 | 2 | 1 | 9 | 8 | 5 | 3 |
| 2 | 9 | 5 | 8 | 4 | 3 | 7 | 6 | 1 |
| 4 | 2 | 1 | 9 | 3 | 7 | 5 | 8 | 6 |
| 9 | 8 | 7 | 6 | 5 | 1 | 3 | 2 | 4 |
| 5 | 3 | 6 | 4 | 2 | 8 | 1 | 9 | 7 |

## Puzzle-60.

| 5 | 9 | 7 | 2 | 3 | 6 | 8 | 4 | 1 |
|---|---|---|---|---|---|---|---|---|
| 6 | 8 | 1 | 5 | 7 | 4 | 2 | 3 | 9 |
| 4 | 3 | 2 | 1 | 9 | 8 | 7 | 5 | 6 |
| 2 | 6 | 5 | 7 | 1 | 9 | 3 | 8 | 4 |
| 3 | 1 | 4 | 8 | 5 | 2 | 9 | 6 | 7 |
| 8 | 7 | 9 | 6 | 4 | 3 | 1 | 2 | 5 |
| 7 | 2 | 3 | 4 | 6 | 1 | 5 | 9 | 8 |
| 9 | 5 | 6 | 3 | 8 | 7 | 4 | 1 | 2 |
| 1 | 4 | 8 | 9 | 2 | 5 | 6 | 7 | 3 |

## Puzzle-61.

| 8 | 9 | 2 | 1 | 3 | 4 | 6 | 7 | 5 |
|---|---|---|---|---|---|---|---|---|
| 1 | 4 | 7 | 5 | 6 | 9 | 8 | 2 | 3 |
| 3 | 6 | 5 | 8 | 7 | 2 | 9 | 4 | 1 |
| 6 | 3 | 8 | 2 | 5 | 7 | 1 | 9 | 4 |
| 9 | 5 | 1 | 4 | 8 | 3 | 2 | 6 | 7 |
| 7 | 2 | 4 | 6 | 9 | 1 | 3 | 5 | 8 |
| 2 | 8 | 9 | 3 | 4 | 5 | 7 | 1 | 6 |
| 4 | 1 | 6 | 7 | 2 | 8 | 5 | 3 | 9 |
| 5 | 7 | 3 | 9 | 1 | 6 | 4 | 8 | 2 |

## Puzzle-62.

| 6 | 8 | 2 | 7 | 5 | 3 | 1 | 9 | 4 |
|---|---|---|---|---|---|---|---|---|
| 1 | 5 | 3 | 6 | 4 | 9 | 8 | 2 | 7 |
| 7 | 4 | 9 | 8 | 2 | 1 | 5 | 3 | 6 |
| 5 | 1 | 6 | 9 | 3 | 7 | 4 | 8 | 2 |
| 8 | 9 | 4 | 2 | 6 | 5 | 3 | 7 | 1 |
| 2 | 3 | 7 | 1 | 8 | 4 | 9 | 6 | 5 |
| 9 | 6 | 5 | 4 | 7 | 8 | 2 | 1 | 3 |
| 4 | 2 | 8 | 3 | 1 | 6 | 7 | 5 | 9 |
| 3 | 7 | 1 | 5 | 9 | 2 | 6 | 4 | 8 |

## Puzzle-63.

| 6 | 1 | 7 | 5 | 8 | 3 | 2 | 9 | 4 |
|---|---|---|---|---|---|---|---|---|
| 5 | 9 | 4 | 7 | 2 | 1 | 6 | 8 | 3 |
| 8 | 2 | 3 | 6 | 4 | 9 | 1 | 7 | 5 |
| 2 | 6 | 9 | 4 | 5 | 7 | 3 | 1 | 8 |
| 7 | 5 | 8 | 1 | 3 | 6 | 4 | 2 | 9 |
| 4 | 3 | 1 | 2 | 9 | 8 | 7 | 5 | 6 |
| 3 | 7 | 2 | 9 | 6 | 5 | 8 | 4 | 1 |
| 9 | 4 | 6 | 8 | 1 | 2 | 5 | 3 | 7 |
| 1 | 8 | 5 | 3 | 7 | 4 | 9 | 6 | 2 |

## Puzzle-64.

| 6 | 8 | 1 | 5 | 2 | 9 | 4 | 7 | 3 |
|---|---|---|---|---|---|---|---|---|
| 7 | 9 | 5 | 4 | 3 | 6 | 1 | 2 | 8 |
| 3 | 4 | 2 | 8 | 7 | 1 | 9 | 6 | 5 |
| 5 | 2 | 6 | 7 | 8 | 4 | 3 | 9 | 1 |
| 8 | 7 | 9 | 1 | 6 | 3 | 5 | 4 | 2 |
| 4 | 1 | 3 | 2 | 9 | 5 | 7 | 8 | 6 |
| 2 | 5 | 8 | 3 | 4 | 7 | 6 | 1 | 9 |
| 9 | 3 | 4 | 6 | 1 | 8 | 2 | 5 | 7 |
| 1 | 6 | 7 | 9 | 5 | 2 | 8 | 3 | 4 |

## Puzzle-65.

| 6 | 4 | 8 | 7 | 1 | 3 | 2 | 9 | 5 |
|---|---|---|---|---|---|---|---|---|
| 7 | 9 | 1 | 5 | 2 | 6 | 4 | 3 | 8 |
| 3 | 2 | 5 | 4 | 9 | 8 | 7 | 6 | 1 |
| 4 | 8 | 3 | 2 | 6 | 1 | 9 | 5 | 7 |
| 1 | 5 | 9 | 8 | 4 | 7 | 3 | 2 | 6 |
| 2 | 6 | 7 | 3 | 5 | 9 | 1 | 8 | 4 |
| 8 | 1 | 4 | 6 | 3 | 2 | 5 | 7 | 9 |
| 5 | 7 | 2 | 9 | 8 | 4 | 6 | 1 | 3 |
| 9 | 3 | 6 | 1 | 7 | 5 | 8 | 4 | 2 |

## Puzzle-66.

| 2 | 9 | 4 | 6 | 5 | 1 | 8 | 3 | 7 |
|---|---|---|---|---|---|---|---|---|
| 6 | 3 | 1 | 8 | 4 | 7 | 5 | 9 | 2 |
| 5 | 8 | 7 | 9 | 3 | 2 | 1 | 4 | 6 |
| 8 | 2 | 6 | 3 | 7 | 5 | 4 | 1 | 9 |
| 9 | 4 | 5 | 1 | 6 | 8 | 2 | 7 | 3 |
| 1 | 7 | 3 | 2 | 9 | 4 | 6 | 8 | 5 |
| 3 | 6 | 8 | 5 | 1 | 9 | 7 | 2 | 4 |
| 4 | 1 | 9 | 7 | 2 | 6 | 3 | 5 | 8 |
| 7 | 5 | 2 | 4 | 8 | 3 | 9 | 6 | 1 |

## Puzzle-67.

| 1 | 2 | 7 | 8 | 4 | 9 | 6 | 3 | 5 |
|---|---|---|---|---|---|---|---|---|
| 9 | 5 | 8 | 3 | 6 | 7 | 2 | 1 | 4 |
| 4 | 6 | 3 | 2 | 5 | 1 | 8 | 7 | 9 |
| 2 | 3 | 4 | 5 | 1 | 6 | 9 | 8 | 7 |
| 6 | 7 | 5 | 4 | 9 | 8 | 1 | 2 | 3 |
| 8 | 1 | 9 | 7 | 3 | 2 | 4 | 5 | 6 |
| 3 | 8 | 2 | 9 | 7 | 4 | 5 | 6 | 1 |
| 7 | 4 | 6 | 1 | 2 | 5 | 3 | 9 | 8 |
| 5 | 9 | 1 | 6 | 8 | 3 | 7 | 4 | 2 |

## Puzzle-68.

| 5 | 1 | 9 | 2 | 8 | 7 | 3 | 4 | 6 |
|---|---|---|---|---|---|---|---|---|
| 3 | 2 | 7 | 4 | 5 | 6 | 8 | 9 | 1 |
| 4 | 8 | 6 | 1 | 9 | 3 | 7 | 5 | 2 |
| 2 | 4 | 3 | 6 | 1 | 8 | 5 | 7 | 9 |
| 1 | 9 | 5 | 7 | 4 | 2 | 6 | 3 | 8 |
| 7 | 6 | 8 | 5 | 3 | 9 | 2 | 1 | 4 |
| 9 | 5 | 2 | 8 | 7 | 4 | 1 | 6 | 3 |
| 8 | 3 | 1 | 9 | 6 | 5 | 4 | 2 | 7 |
| 6 | 7 | 4 | 3 | 2 | 1 | 9 | 8 | 5 |

## Puzzle-69.

| 8 | 9 | 6 | 1 | 4 | 3 | 5 | 7 | 2 |
|---|---|---|---|---|---|---|---|---|
| 4 | 7 | 5 | 6 | 2 | 8 | 1 | 3 | 9 |
| 2 | 1 | 3 | 5 | 9 | 7 | 4 | 8 | 6 |
| 1 | 3 | 8 | 4 | 5 | 6 | 2 | 9 | 7 |
| 7 | 2 | 4 | 8 | 3 | 9 | 6 | 5 | 1 |
| 6 | 5 | 9 | 7 | 1 | 2 | 3 | 4 | 8 |
| 3 | 4 | 7 | 2 | 8 | 1 | 9 | 6 | 5 |
| 5 | 6 | 1 | 9 | 7 | 4 | 8 | 2 | 3 |
| 9 | 8 | 2 | 3 | 6 | 5 | 7 | 1 | 4 |

## Puzzle-70.

| 2 | 3 | 8 | 5 | 6 | 1 | 4 | 7 | 9 |
|---|---|---|---|---|---|---|---|---|
| 5 | 1 | 7 | 8 | 9 | 4 | 6 | 3 | 2 |
| 9 | 4 | 6 | 3 | 2 | 7 | 8 | 1 | 5 |
| 3 | 8 | 9 | 1 | 5 | 2 | 7 | 6 | 4 |
| 4 | 2 | 5 | 7 | 3 | 6 | 9 | 8 | 1 |
| 7 | 6 | 1 | 4 | 8 | 9 | 5 | 2 | 3 |
| 8 | 7 | 2 | 9 | 1 | 5 | 3 | 4 | 6 |
| 6 | 9 | 3 | 2 | 4 | 8 | 1 | 5 | 7 |
| 1 | 5 | 4 | 6 | 7 | 3 | 2 | 9 | 8 |

## Puzzle-71.

| 7 | 5 | 6 | 9 | 8 | 1 | 2 | 4 | 3 |
|---|---|---|---|---|---|---|---|---|
| 2 | 3 | 1 | 6 | 7 | 4 | 8 | 9 | 5 |
| 4 | 8 | 9 | 2 | 3 | 5 | 7 | 1 | 6 |
| 9 | 7 | 3 | 8 | 1 | 2 | 5 | 6 | 4 |
| 6 | 2 | 4 | 5 | 9 | 7 | 1 | 3 | 8 |
| 5 | 1 | 8 | 3 | 4 | 6 | 9 | 2 | 7 |
| 8 | 6 | 2 | 1 | 5 | 3 | 4 | 7 | 9 |
| 1 | 9 | 7 | 4 | 6 | 8 | 3 | 5 | 2 |
| 3 | 4 | 5 | 7 | 2 | 9 | 6 | 8 | 1 |

## Puzzle-72.

| 8 | 9 | 3 | 6 | 4 | 1 | 2 | 5 | 7 |
|---|---|---|---|---|---|---|---|---|
| 7 | 6 | 1 | 5 | 8 | 2 | 9 | 4 | 3 |
| 2 | 5 | 4 | 9 | 3 | 7 | 8 | 6 | 1 |
| 4 | 1 | 8 | 2 | 7 | 3 | 6 | 9 | 5 |
| 6 | 3 | 2 | 1 | 9 | 5 | 4 | 7 | 8 |
| 9 | 7 | 5 | 8 | 6 | 4 | 3 | 1 | 2 |
| 5 | 2 | 6 | 3 | 1 | 9 | 7 | 8 | 4 |
| 3 | 4 | 9 | 7 | 5 | 8 | 1 | 2 | 6 |
| 1 | 8 | 7 | 4 | 2 | 6 | 5 | 3 | 9 |

## Puzzle-73.

| 8 | 2 | 6 | 9 | 1 | 4 | 5 | 3 | 7 |
|---|---|---|---|---|---|---|---|---|
| 4 | 7 | 3 | 8 | 5 | 2 | 9 | 1 | 6 |
| 5 | 9 | 1 | 3 | 7 | 6 | 2 | 8 | 4 |
| 2 | 6 | 8 | 4 | 9 | 5 | 3 | 7 | 1 |
| 9 | 3 | 5 | 1 | 8 | 7 | 6 | 4 | 2 |
| 1 | 4 | 7 | 2 | 6 | 3 | 8 | 9 | 5 |
| 7 | 8 | 2 | 5 | 4 | 9 | 1 | 6 | 3 |
| 6 | 5 | 9 | 7 | 3 | 1 | 4 | 2 | 8 |
| 3 | 1 | 4 | 6 | 2 | 8 | 7 | 5 | 9 |

## Puzzle-74.

| 8 | 6 | 4 | 5 | 1 | 9 | 3 | 7 | 2 |
|---|---|---|---|---|---|---|---|---|
| 7 | 2 | 9 | 3 | 6 | 8 | 1 | 4 | 5 |
| 1 | 3 | 5 | 4 | 7 | 2 | 9 | 6 | 8 |
| 5 | 1 | 7 | 9 | 4 | 3 | 8 | 2 | 6 |
| 6 | 9 | 8 | 1 | 2 | 5 | 4 | 3 | 7 |
| 3 | 4 | 2 | 6 | 8 | 7 | 5 | 1 | 9 |
| 2 | 7 | 3 | 8 | 5 | 1 | 6 | 9 | 4 |
| 9 | 5 | 6 | 2 | 3 | 4 | 7 | 8 | 1 |
| 4 | 8 | 1 | 7 | 9 | 6 | 2 | 5 | 3 |

## Puzzle-75.

| 4 | 3 | 7 | 2 | 6 | 9 | 5 | 1 | 8 |
|---|---|---|---|---|---|---|---|---|
| 8 | 9 | 6 | 5 | 1 | 7 | 4 | 3 | 2 |
| 2 | 5 | 1 | 4 | 8 | 3 | 9 | 7 | 6 |
| 6 | 2 | 3 | 7 | 5 | 4 | 8 | 9 | 1 |
| 5 | 4 | 8 | 1 | 9 | 2 | 3 | 6 | 7 |
| 7 | 1 | 9 | 6 | 3 | 8 | 2 | 4 | 5 |
| 1 | 6 | 2 | 9 | 4 | 5 | 7 | 8 | 3 |
| 9 | 8 | 5 | 3 | 7 | 6 | 1 | 2 | 4 |
| 3 | 7 | 4 | 8 | 2 | 1 | 6 | 5 | 9 |

## Puzzle-76.

| 4 | 8 | 1 | 3 | 2 | 7 | 6 | 9 | 5 |
|---|---|---|---|---|---|---|---|---|
| 9 | 2 | 5 | 1 | 6 | 8 | 3 | 4 | 7 |
| 7 | 6 | 3 | 9 | 5 | 4 | 1 | 8 | 2 |
| 3 | 4 | 2 | 8 | 7 | 6 | 9 | 5 | 1 |
| 8 | 9 | 6 | 2 | 1 | 5 | 4 | 7 | 3 |
| 1 | 5 | 7 | 4 | 3 | 9 | 8 | 2 | 6 |
| 5 | 1 | 9 | 7 | 4 | 3 | 2 | 6 | 8 |
| 6 | 3 | 8 | 5 | 9 | 2 | 7 | 1 | 4 |
| 2 | 7 | 4 | 6 | 8 | 1 | 5 | 3 | 9 |

## Puzzle-77.

| 7 | 4 | 5 | 2 | 3 | 6 | 1 | 9 | 8 |
|---|---|---|---|---|---|---|---|---|
| 1 | 9 | 2 | 5 | 4 | 8 | 7 | 3 | 6 |
| 8 | 3 | 6 | 1 | 9 | 7 | 4 | 2 | 5 |
| 2 | 7 | 3 | 9 | 8 | 1 | 5 | 6 | 4 |
| 5 | 1 | 9 | 6 | 2 | 4 | 8 | 7 | 3 |
| 6 | 8 | 4 | 7 | 5 | 3 | 9 | 1 | 2 |
| 3 | 5 | 1 | 4 | 7 | 2 | 6 | 8 | 9 |
| 9 | 2 | 7 | 8 | 6 | 5 | 3 | 4 | 1 |
| 4 | 6 | 8 | 3 | 1 | 9 | 2 | 5 | 7 |

## Puzzle-78.

| 1 | 3 | 6 | 9 | 4 | 7 | 2 | 5 | 8 |
|---|---|---|---|---|---|---|---|---|
| 9 | 7 | 2 | 3 | 8 | 5 | 4 | 6 | 1 |
| 8 | 5 | 4 | 1 | 2 | 6 | 3 | 9 | 7 |
| 2 | 1 | 9 | 7 | 6 | 8 | 5 | 3 | 4 |
| 6 | 8 | 3 | 5 | 1 | 4 | 7 | 2 | 9 |
| 5 | 4 | 7 | 2 | 3 | 9 | 8 | 1 | 6 |
| 3 | 6 | 5 | 4 | 7 | 1 | 9 | 8 | 2 |
| 7 | 9 | 1 | 8 | 5 | 2 | 6 | 4 | 3 |
| 4 | 2 | 8 | 6 | 9 | 3 | 1 | 7 | 5 |

## Puzzle-79.

| 2 | 5 | 6 | 8 | 4 | 7 | 9 | 3 | 1 |
|---|---|---|---|---|---|---|---|---|
| 1 | 8 | 9 | 2 | 3 | 5 | 6 | 4 | 7 |
| 4 | 3 | 7 | 9 | 6 | 1 | 5 | 2 | 8 |
| 3 | 6 | 2 | 4 | 9 | 8 | 1 | 7 | 5 |
| 8 | 7 | 4 | 1 | 5 | 3 | 2 | 9 | 6 |
| 9 | 1 | 5 | 6 | 7 | 2 | 3 | 8 | 4 |
| 6 | 4 | 3 | 7 | 1 | 9 | 8 | 5 | 2 |
| 7 | 9 | 8 | 5 | 2 | 6 | 4 | 1 | 3 |
| 5 | 2 | 1 | 3 | 8 | 4 | 7 | 6 | 9 |

## Puzzle-80.

| 7 | 6 | 3 | 9 | 2 | 1 | 5 | 8 | 4 |
|---|---|---|---|---|---|---|---|---|
| 9 | 8 | 1 | 6 | 4 | 5 | 3 | 7 | 2 |
| 4 | 5 | 2 | 3 | 7 | 8 | 9 | 6 | 1 |
| 5 | 9 | 7 | 1 | 3 | 2 | 8 | 4 | 6 |
| 3 | 2 | 8 | 4 | 9 | 6 | 7 | 1 | 5 |
| 6 | 1 | 4 | 5 | 8 | 7 | 2 | 9 | 3 |
| 8 | 3 | 9 | 2 | 1 | 4 | 6 | 5 | 7 |
| 1 | 7 | 5 | 8 | 6 | 3 | 4 | 2 | 9 |
| 2 | 4 | 6 | 7 | 5 | 9 | 1 | 3 | 8 |

## Puzzle-81.

| 4 | 7 | 8 | 2 | 5 | 1 | 6 | 9 | 3 |
| 5 | 1 | 3 | 9 | 7 | 6 | 4 | 8 | 2 |
| 9 | 3 | 2 | 6 | 8 | 5 | 1 | 4 | 7 |
| 7 | 2 | 5 | 8 | 1 | 3 | 9 | 6 | 4 |
| 3 | 6 | 7 | 5 | 4 | 9 | 2 | 1 | 8 |
| 8 | 9 | 1 | 4 | 6 | 2 | 3 | 7 | 5 |
| 6 | 4 | 9 | 3 | 2 | 8 | 7 | 5 | 1 |
| 1 | 5 | 6 | 7 | 3 | 4 | 8 | 2 | 9 |
| 2 | 8 | 4 | 1 | 9 | 7 | 5 | 3 | 6 |

## Puzzle-82.

| 7 | 9 | 8 | 3 | 5 | 1 | 6 | 4 | 2 |
| 5 | 3 | 2 | 8 | 7 | 6 | 4 | 1 | 9 |
| 4 | 2 | 6 | 1 | 9 | 8 | 7 | 5 | 3 |
| 2 | 1 | 9 | 5 | 3 | 7 | 8 | 6 | 4 |
| 9 | 6 | 1 | 7 | 4 | 5 | 2 | 3 | 8 |
| 3 | 8 | 5 | 4 | 6 | 2 | 1 | 9 | 7 |
| 6 | 7 | 3 | 2 | 1 | 4 | 9 | 8 | 5 |
| 1 | 4 | 7 | 9 | 8 | 3 | 5 | 2 | 6 |
| 8 | 5 | 4 | 6 | 2 | 9 | 3 | 7 | 1 |

## Puzzle-83.

| 3 | 7 | 4 | 2 | 9 | 6 | 5 | 8 | 1 |
| 8 | 9 | 3 | 5 | 1 | 7 | 4 | 6 | 2 |
| 5 | 6 | 2 | 1 | 8 | 4 | 3 | 9 | 7 |
| 9 | 5 | 6 | 4 | 2 | 3 | 1 | 7 | 8 |
| 6 | 1 | 8 | 3 | 7 | 2 | 9 | 4 | 5 |
| 2 | 4 | 7 | 8 | 5 | 1 | 6 | 3 | 9 |
| 1 | 3 | 5 | 9 | 4 | 8 | 7 | 2 | 6 |
| 7 | 8 | 1 | 6 | 3 | 9 | 2 | 5 | 4 |
| 4 | 2 | 9 | 7 | 6 | 5 | 8 | 1 | 3 |

## Puzzle-84.

| 5 | 3 | 4 | 1 | 6 | 9 | 2 | 8 | 7 |
| 7 | 6 | 3 | 4 | 8 | 2 | 5 | 1 | 9 |
| 2 | 1 | 9 | 8 | 7 | 4 | 6 | 3 | 5 |
| 3 | 9 | 2 | 5 | 1 | 7 | 4 | 6 | 8 |
| 1 | 4 | 6 | 7 | 9 | 3 | 8 | 5 | 2 |
| 6 | 8 | 5 | 2 | 3 | 1 | 7 | 9 | 4 |
| 8 | 7 | 1 | 3 | 2 | 5 | 9 | 4 | 6 |
| 9 | 5 | 7 | 6 | 4 | 8 | 1 | 2 | 3 |
| 4 | 2 | 8 | 9 | 5 | 6 | 3 | 7 | 1 |

## Puzzle-85.

| 3 | 1 | 6 | 5 | 4 | 8 | 7 | 2 | 9 |
| 5 | 8 | 7 | 2 | 9 | 3 | 1 | 4 | 6 |
| 4 | 7 | 2 | 9 | 6 | 1 | 5 | 8 | 3 |
| 8 | 6 | 4 | 1 | 2 | 7 | 9 | 3 | 5 |
| 1 | 2 | 8 | 3 | 5 | 4 | 6 | 9 | 7 |
| 7 | 9 | 5 | 4 | 3 | 2 | 8 | 6 | 1 |
| 6 | 4 | 1 | 8 | 7 | 9 | 3 | 5 | 2 |
| 9 | 5 | 3 | 7 | 8 | 6 | 2 | 1 | 4 |
| 2 | 3 | 9 | 6 | 1 | 5 | 4 | 7 | 8 |

## Puzzle-86.

| 9 | 6 | 7 | 2 | 3 | 8 | 4 | 1 | 5 |
| 8 | 3 | 1 | 4 | 5 | 9 | 6 | 2 | 7 |
| 4 | 5 | 2 | 1 | 7 | 6 | 8 | 3 | 9 |
| 3 | 1 | 5 | 7 | 6 | 4 | 2 | 9 | 8 |
| 5 | 7 | 8 | 9 | 1 | 2 | 3 | 6 | 4 |
| 2 | 4 | 6 | 8 | 9 | 1 | 7 | 5 | 3 |
| 6 | 8 | 4 | 3 | 2 | 5 | 9 | 7 | 1 |
| 7 | 2 | 9 | 5 | 8 | 3 | 1 | 4 | 6 |
| 1 | 9 | 3 | 6 | 4 | 7 | 5 | 8 | 2 |

## Puzzle-87.

| 5 | 9 | 4 | 7 | 3 | 8 | 1 | 6 | 2 |
| 1 | 8 | 2 | 6 | 9 | 5 | 3 | 7 | 4 |
| 3 | 7 | 5 | 2 | 1 | 4 | 6 | 8 | 9 |
| 4 | 5 | 7 | 3 | 6 | 9 | 2 | 1 | 8 |
| 2 | 1 | 6 | 8 | 4 | 3 | 7 | 9 | 5 |
| 6 | 3 | 9 | 1 | 8 | 2 | 5 | 4 | 7 |
| 9 | 2 | 3 | 4 | 7 | 1 | 8 | 5 | 6 |
| 8 | 6 | 1 | 9 | 5 | 7 | 4 | 2 | 3 |
| 7 | 4 | 8 | 5 | 2 | 6 | 9 | 3 | 1 |

## Puzzle-88.

| 1 | 2 | 3 | 8 | 6 | 9 | 4 | 5 | 7 |
| 4 | 6 | 7 | 9 | 5 | 3 | 8 | 1 | 2 |
| 5 | 1 | 8 | 4 | 7 | 2 | 3 | 9 | 6 |
| 9 | 5 | 1 | 7 | 8 | 4 | 2 | 6 | 3 |
| 7 | 3 | 9 | 2 | 4 | 6 | 5 | 8 | 1 |
| 2 | 4 | 6 | 5 | 3 | 8 | 1 | 7 | 9 |
| 6 | 8 | 5 | 3 | 1 | 7 | 9 | 2 | 4 |
| 8 | 9 | 4 | 6 | 2 | 1 | 7 | 3 | 5 |
| 3 | 7 | 2 | 1 | 9 | 5 | 6 | 4 | 8 |

## Puzzle-89.

| 7 | 4 | 8 | 9 | 6 | 1 | 5 | 3 | 2 |
|---|---|---|---|---|---|---|---|---|
| 9 | 5 | 4 | 3 | 8 | 2 | 1 | 6 | 7 |
| 3 | 2 | 7 | 6 | 5 | 9 | 8 | 1 | 4 |
| 1 | 9 | 3 | 4 | 2 | 5 | 7 | 8 | 6 |
| 2 | 7 | 6 | 8 | 1 | 4 | 3 | 9 | 5 |
| 6 | 1 | 5 | 7 | 9 | 3 | 2 | 4 | 8 |
| 4 | 8 | 1 | 2 | 7 | 6 | 9 | 5 | 3 |
| 8 | 3 | 9 | 5 | 4 | 7 | 6 | 2 | 1 |
| 5 | 6 | 2 | 1 | 3 | 8 | 4 | 7 | 9 |

## Puzzle-90.

| 3 | 1 | 7 | 6 | 5 | 4 | 9 | 8 | 2 |
|---|---|---|---|---|---|---|---|---|
| 9 | 5 | 8 | 2 | 1 | 7 | 6 | 4 | 3 |
| 4 | 6 | 3 | 8 | 9 | 1 | 7 | 2 | 5 |
| 2 | 3 | 1 | 5 | 8 | 6 | 4 | 7 | 9 |
| 8 | 2 | 5 | 4 | 3 | 9 | 1 | 6 | 7 |
| 6 | 9 | 4 | 7 | 2 | 5 | 3 | 1 | 8 |
| 1 | 7 | 2 | 3 | 6 | 8 | 5 | 9 | 4 |
| 5 | 4 | 9 | 1 | 7 | 2 | 8 | 3 | 6 |
| 7 | 8 | 6 | 9 | 4 | 3 | 2 | 5 | 1 |

## Puzzle-91.

| 7 | 9 | 6 | 5 | 4 | 8 | 3 | 1 | 2 |
|---|---|---|---|---|---|---|---|---|
| 4 | 8 | 1 | 6 | 3 | 2 | 5 | 9 | 7 |
| 2 | 3 | 5 | 9 | 1 | 7 | 8 | 4 | 6 |
| 8 | 7 | 4 | 2 | 5 | 3 | 1 | 6 | 9 |
| 1 | 2 | 3 | 7 | 9 | 6 | 4 | 5 | 8 |
| 6 | 5 | 9 | 4 | 8 | 1 | 2 | 7 | 3 |
| 9 | 1 | 2 | 8 | 7 | 5 | 6 | 3 | 4 |
| 5 | 6 | 7 | 3 | 2 | 4 | 9 | 8 | 1 |
| 3 | 4 | 8 | 1 | 6 | 9 | 7 | 2 | 5 |

## Puzzle-92.

| 2 | 1 | 8 | 5 | 6 | 3 | 9 | 7 | 4 |
|---|---|---|---|---|---|---|---|---|
| 9 | 5 | 3 | 7 | 4 | 2 | 1 | 8 | 6 |
| 7 | 4 | 6 | 9 | 8 | 1 | 2 | 5 | 3 |
| 8 | 3 | 1 | 4 | 5 | 6 | 7 | 9 | 2 |
| 5 | 2 | 4 | 3 | 9 | 7 | 8 | 6 | 1 |
| 6 | 9 | 7 | 1 | 2 | 8 | 4 | 3 | 5 |
| 1 | 6 | 5 | 8 | 7 | 4 | 3 | 2 | 9 |
| 4 | 7 | 2 | 6 | 3 | 9 | 5 | 1 | 8 |
| 3 | 8 | 9 | 2 | 1 | 5 | 6 | 4 | 7 |

## Puzzle-93.

| 9 | 3 | 2 | 7 | 1 | 5 | 4 | 6 | 8 |
|---|---|---|---|---|---|---|---|---|
| 5 | 8 | 6 | 2 | 9 | 4 | 7 | 3 | 1 |
| 4 | 1 | 7 | 3 | 6 | 8 | 5 | 9 | 2 |
| 3 | 9 | 4 | 5 | 8 | 2 | 6 | 1 | 7 |
| 7 | 6 | 1 | 9 | 4 | 3 | 2 | 8 | 5 |
| 2 | 5 | 8 | 1 | 7 | 6 | 3 | 4 | 9 |
| 8 | 2 | 9 | 6 | 3 | 7 | 1 | 5 | 4 |
| 1 | 7 | 3 | 4 | 5 | 9 | 8 | 2 | 6 |
| 6 | 4 | 5 | 8 | 2 | 1 | 9 | 7 | 3 |

## Puzzle-94.

| 7 | 9 | 4 | 2 | 5 | 6 | 3 | 1 | 8 |
|---|---|---|---|---|---|---|---|---|
| 2 | 1 | 3 | 8 | 9 | 7 | 6 | 4 | 5 |
| 8 | 6 | 5 | 4 | 1 | 3 | 7 | 9 | 2 |
| 9 | 3 | 7 | 5 | 2 | 8 | 4 | 6 | 1 |
| 5 | 4 | 1 | 6 | 3 | 9 | 8 | 2 | 7 |
| 6 | 8 | 2 | 7 | 4 | 1 | 9 | 5 | 3 |
| 3 | 5 | 6 | 9 | 7 | 2 | 1 | 8 | 4 |
| 4 | 7 | 9 | 1 | 8 | 5 | 2 | 3 | 6 |
| 1 | 2 | 8 | 3 | 6 | 4 | 5 | 7 | 9 |

## Puzzle-95.

| 3 | 5 | 1 | 6 | 7 | 2 | 8 | 4 | 9 |
|---|---|---|---|---|---|---|---|---|
| 6 | 8 | 9 | 4 | 5 | 1 | 7 | 2 | 3 |
| 7 | 2 | 4 | 9 | 8 | 3 | 1 | 5 | 6 |
| 1 | 6 | 8 | 5 | 3 | 7 | 4 | 9 | 2 |
| 9 | 7 | 2 | 1 | 6 | 4 | 3 | 8 | 5 |
| 4 | 3 | 5 | 8 | 2 | 9 | 6 | 7 | 1 |
| 8 | 9 | 3 | 7 | 1 | 5 | 2 | 6 | 4 |
| 2 | 4 | 7 | 3 | 9 | 6 | 5 | 1 | 8 |
| 5 | 1 | 6 | 2 | 4 | 8 | 9 | 3 | 7 |

## Puzzle-96.

| 2 | 3 | 1 | 6 | 5 | 4 | 8 | 7 | 9 |
|---|---|---|---|---|---|---|---|---|
| 8 | 5 | 9 | 2 | 7 | 1 | 4 | 3 | 6 |
| 6 | 7 | 4 | 3 | 8 | 9 | 2 | 5 | 1 |
| 1 | 6 | 7 | 4 | 3 | 8 | 9 | 2 | 5 |
| 3 | 2 | 5 | 9 | 6 | 7 | 1 | 4 | 8 |
| 9 | 4 | 8 | 1 | 2 | 5 | 7 | 6 | 3 |
| 4 | 8 | 6 | 7 | 1 | 3 | 5 | 9 | 2 |
| 7 | 1 | 2 | 5 | 9 | 6 | 3 | 8 | 4 |
| 5 | 9 | 3 | 8 | 4 | 2 | 6 | 1 | 7 |

## Puzzle-97.

| 3 | 5 | 7 | 2 | 4 | 1 | 9 | 8 | 6 |
|---|---|---|---|---|---|---|---|---|
| 9 | 4 | 2 | 8 | 3 | 6 | 1 | 5 | 7 |
| 1 | 3 | 4 | 7 | 5 | 9 | 8 | 6 | 2 |
| 8 | 1 | 5 | 6 | 9 | 2 | 7 | 3 | 4 |
| 6 | 9 | 1 | 4 | 8 | 5 | 2 | 7 | 3 |
| 5 | 2 | 6 | 1 | 7 | 8 | 3 | 4 | 9 |
| 4 | 8 | 9 | 3 | 2 | 7 | 6 | 1 | 5 |
| 7 | 6 | 3 | 9 | 1 | 4 | 5 | 2 | 8 |
| 2 | 7 | 8 | 5 | 6 | 3 | 4 | 9 | 1 |

## Puzzle-98.

| 2 | 6 | 9 | 1 | 3 | 8 | 7 | 5 | 4 |
|---|---|---|---|---|---|---|---|---|
| 8 | 3 | 5 | 7 | 4 | 9 | 6 | 1 | 2 |
| 4 | 7 | 2 | 6 | 1 | 5 | 8 | 9 | 3 |
| 5 | 9 | 1 | 4 | 8 | 2 | 3 | 7 | 6 |
| 3 | 8 | 7 | 9 | 5 | 6 | 4 | 2 | 1 |
| 1 | 4 | 6 | 2 | 7 | 3 | 5 | 8 | 9 |
| 7 | 2 | 3 | 8 | 9 | 4 | 1 | 6 | 5 |
| 9 | 1 | 4 | 5 | 6 | 7 | 2 | 3 | 8 |
| 6 | 5 | 8 | 3 | 2 | 1 | 9 | 4 | 7 |

## Puzzle-99.

| 5 | 4 | 9 | 2 | 6 | 8 | 7 | 1 | 3 |
|---|---|---|---|---|---|---|---|---|
| 3 | 7 | 4 | 8 | 5 | 9 | 1 | 6 | 2 |
| 2 | 8 | 6 | 3 | 1 | 5 | 4 | 9 | 7 |
| 1 | 5 | 7 | 9 | 3 | 2 | 6 | 4 | 8 |
| 6 | 9 | 1 | 4 | 8 | 7 | 2 | 3 | 5 |
| 4 | 6 | 3 | 7 | 2 | 1 | 8 | 5 | 9 |
| 8 | 2 | 5 | 6 | 9 | 4 | 3 | 7 | 1 |
| 7 | 1 | 8 | 5 | 4 | 3 | 9 | 2 | 6 |
| 9 | 3 | 2 | 1 | 7 | 6 | 5 | 8 | 4 |

## Puzzle-100.

| 4 | 8 | 2 | 1 | 5 | 9 | 6 | 3 | 7 |
|---|---|---|---|---|---|---|---|---|
| 5 | 3 | 9 | 2 | 7 | 6 | 4 | 1 | 8 |
| 1 | 7 | 6 | 4 | 3 | 8 | 5 | 9 | 2 |
| 9 | 1 | 8 | 5 | 4 | 3 | 7 | 2 | 6 |
| 6 | 4 | 5 | 9 | 2 | 7 | 1 | 8 | 3 |
| 3 | 2 | 7 | 6 | 8 | 1 | 9 | 4 | 5 |
| 2 | 9 | 1 | 8 | 6 | 5 | 3 | 7 | 4 |
| 7 | 5 | 4 | 3 | 9 | 2 | 8 | 6 | 1 |
| 8 | 6 | 3 | 7 | 1 | 4 | 2 | 5 | 9 |